蓝莓在大棚
用营养钵培
育二年生苗

三年生的蓝莓育
苗大棚

U0306890

蓝莓大棚育苗

蓝莓前期大棚培养

蓝莓育苗床

蓝莓栽培土壤调配

蓝莓组织培养

蓝莓建园整地

蓝莓山坡地栽培

山坡滴灌栽培蓝莓

蓝莓温室栽培

大棚里栽培的
二年生蓝莓

蓝莓与黑木耳整地做床

蓝莓与黑木耳立体栽培技术

编著者

姜　坤　邰钰溶　姜治业
倪莉军　赵玉龙

金盾出版社

内 容 提 要

本书对蓝莓栽培技术、黑木耳栽培技术和杂菌的防治等各个栽培环节做了详尽的阐述,尤其在栽培蓝莓土壤调配、黑木耳培养基配方中碳氮比的调控以及拌料过程防治杂菌污染等方面进行了独到的说明。本书内容丰富,通俗易懂,具有较强的实用性、先进性和可操作性。适合于广大菇农、蓝莓种植者、农业科技生产人员及农业院校相关专业师生阅读参考。

图书在版编目(CIP)数据

蓝莓与黑木耳立体栽培技术/姜坤等编著.—北京:金盾出版社,2015.9

ISBN 978-7-5186-0398-5

Ⅰ.①蓝… Ⅱ.①姜… Ⅲ.①浆果类果树—栽培技术②木耳—栽培技术 Ⅳ.①S663.2②S646.6

中国版本图书馆 CIP 数据核字(2015)第 149197 号

金盾出版社出版、总发行

北京太平路 5 号(地铁万寿路站往南)

邮政编码:100036　电话:68214039　83219215

传真:68276683　网址:www.jdcbs.cn

北京四环科技印刷厂印刷、装订

各地新华书店经销

开本:850×1168 1/32　印张:5.125　字数:85 千字

2015 年 9 月第 1 版第 1 次印刷

印数:1~4 000 册　定价:15.00 元

(凡购买金盾出版社的图书,如有缺页、倒页、脱页者,本社发行部负责调换)

目　录

第一章　蓝莓与黑木耳的生物学特性

一、形态特征

(一)蓝　莓

1. 树体　蓝莓的树体是灌木丛生,树体大小及形态差异显著,不同品种的高度不一样,树高在 0.3～5 米。在栽培过程中,最好缩短树体的高度,将树体控制在 1～1.5 米。高丛蓝莓树高一般控制在 1～2 米;半高丛蓝莓树高一般控制在 50～80 厘米;矮丛蓝莓树高基本上在 50 厘米以下。

2. 花　花冠常呈坛形或铃形。花瓣基部联合,外缘 4 或 5 裂,白色或粉红色,雄蕊 8～10 个,短于花柱,由昆虫或风媒授粉,花序多为总状花序。花序大部分侧生,有时顶生。花单生或双生在叶腋间。蓝莓的花芽一般着生在枝条顶部。北方地区花期一般在 4～5 月份,持续 15～20 天,最长达 40 天。

3. 果实　蓝莓果实大小、颜色因品种而异。果实有球形、椭圆形、扁圆形或梨形。果肉细软,多浆汁。兔眼蓝莓、高丛蓝莓、矮丛蓝莓的果实为蓝色,被有白色果粉,果实直径为 0.5～2 厘米不等。蓝莓果实一般开花后 70 天左右成熟,果实中种子较多,但种子很小,一般每个果实中种子数平均为 57～63 个。由于种子极小,对果实的食用品味有独特的浆果风味。

4. 叶　蓝莓叶芽着生在一年生枝的中下部,当叶片完全展开时叶芽在叶腋间形成。叶芽刚形成时,为圆锥形,长度 3～5 毫米,被有 2～4 个等长的鳞片。叶芽完全开绽约在盛花期前 2 周。

叶有常绿,也有落叶,单叶互生,叶全缘或有锯齿。高丛蓝莓、半高丛蓝莓和矮丛蓝莓在入冬前落叶,兔眼蓝莓为常绿。叶片在树体上可保留 2～3 年。叶片大小由矮丛蓝莓的 0.7～3.5 厘米到高丛蓝莓的 8 厘米,长度不等。叶片形状最常见的是卵圆形。大部分种类叶背面被有绒毛,有些种类的花和果实上也被有绒毛,但矮丛蓝莓叶片很少有绒毛。

5. 根　蓝莓的根系多而纤细,粗壮根少,分布浅,没有根毛,吸收能力小。蓝莓的根系细,呈纤维状,细根在分枝前直径为 50～75 微米。几乎所有蓝莓的细根都有内生菌根真菌的寄生,从而克服蓝莓根系由于没有根毛造成的对水分及养分的吸收困难。研究证明,菌根真菌的寄生对蓝莓生长是有益的。

（二）黑木耳菌丝体

1. 菌丝体　黑木耳菌丝体由许多菌丝连结在一起组成的营养体类型叫菌丝体。单一丝网状细胞称为菌丝，多根菌丝集合在一起构成一定的宏观结构称为菌丝体。肉眼可以看见菌丝体，如长期储存的橘子皮上长出的蓝绿色绒毛状真菌，放久的馒头或面包上长出来的黑色绒毛状真菌。在固体培养基上霉菌的菌丝分化为营养菌丝和气生菌丝。营养菌丝深入到培养基内吸收养料；气生菌丝向空中生长，有些气生菌丝发育到一定阶段分化成繁殖菌丝，产生孢子。营养菌丝，又称基内菌丝、基质菌丝、一级菌丝，主要功能是吸收营养物质，有的可产生不同的色素，是菌种鉴定的重要依据。气生菌丝（二级菌丝）是指从基质伸向空气中的菌丝体。菌类的菌丝体多是匍匐在基质上，或是贯通基质而伸长的，为了孢子的形成而生长气生菌丝。在一定条件下，水生菌类也可以生长气生菌丝。真菌和放线菌的营养菌丝发育到一定时期，长出培养基

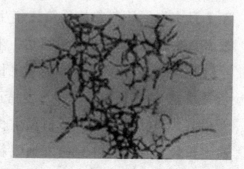

外并伸向空间的菌丝称为气生菌丝。它叠生于营养菌丝上，以致可以覆盖整个菌落表面。在光学显微镜下，颜色较深，直径比营养菌丝粗，直形或弯曲，有的产生色素。

2. 子实体 黑木耳的子实体为耳状，由绒毛层、上亚致密层、心髓层、下亚致密层和子实层组成。地栽黑木耳的子实体单片呈耳状，若干耳片簇生在一起时形同花朵状。黑木耳为胶质子实体，地摆黑木耳子实体胶质丰富、肉厚、色黑，这是地摆黑木耳子实体的特征。

二、生长与发育

（一）蓝　莓

1. 年生长周期 蓝莓在一个生长季节内可有多次生长，以二次生长较为普遍。在我国南方，蓝莓一年有 2 次生长高峰，第一次是在 5～6 月份，第二次是在 7 月中旬至 8 月中旬。幼苗栽植后第三年生长明显加快，新枝萌发多且生长旺盛，年生长量可达 1 米以上。

2. 枝条生长 蓝莓的枝条生长，与土壤和肥料有密切关系，新梢生长的茎粗和长度呈正相关，茎粗的增加与新梢节数和品种有关。新梢在生长季节内多次生长，二次生长最为普遍。叶芽萌发抽生新梢，新梢生长到一定长度停止生长,顶端生长点小叶变黑形成黑尖,黑尖维持2周后脱落并留下痕迹,叫黑点。2～5周后顶端叶芽重新萌发,发生转轴生长,1年可发生几次,最后一次转轴生长顶端形成花芽,开花结果后顶端枯死。每丛有结果枝条25～30条,下部叶芽萌发新梢并形成花序。第二年开花结果,但产量较小,第三年有适当的产量,第五年进入丰产期,平均单株产量为3～6千克,平均单果重2克。

3. 花芽分化及开花习性　蓝莓的花芽着生于一年生枝顶部的1～4节,有时可达7节。花芽卵圆形、肥大,长5～13毫米,花芽在叶腋间形成,逐渐发育,当外层鳞片变为棕黄色时进入休眠状态,但花芽内部在夏季和秋季一直进行着各种生理生化变化。当2个老鳞片分开时,形成绿色的新鳞片。花芽沿着花轴在几周内向基部发育,迅速膨大形成明显的花芽并进入休眠。进入休眠阶段后,花芽形成花序轴。高丛和半高丛蓝莓花序原基是在8月中旬形成。矮丛蓝莓是在7月下旬形成。花序原基沿膨大的顶端从叶腋分生组织向上发育。花芽在一年生枝上的分布有时被腋芽间断,在中等粗度枝条上,远端的芽为发育完全的芽。开花时顶花芽先开放,然后是侧生花芽。粗枝上花芽比细枝上的花芽开放晚。在一个花序中,基部花先开放,然后是中部花,最后顶部花。一个花芽开放后一般有1～16朵花,果实成熟却是顶部先成熟,然后中下部,花芽开放的时期,因气候条件而异。

蓝莓的开花期因气候和品种有明显的差异。正常年景蓝莓在我国南方 3 月上中旬开花,北方为 5 月 1～7 日;花期一般 15～20 天,最长达 40 天。花在一个伸长的轴上着生,构成总状花序。花开的同时营养芽开始发育成营养枝,营养枝生长到一定程度(长度不等)便停止生长,顶端最后一个细尖的幼叶变黑成"黑尖","黑尖"2 周左右脱落,至 2～4 周后,位于"黑尖"下的营养芽长出新枝,并具有顶端优势,即实现枝条的转轴生长,这种转轴生长在南方一年有 3～5 次。夏季最后一次新梢上紧挨"黑尖"的一个芽原始体逐渐增大发育成花芽,占据了顶端的位置。从枝顶花芽往下还能形成多个花芽,第二年春天开花并结果。其下的营养芽又发育成营养枝,而结过果实的短小枝秋后逐渐干枯、脱落。

4. 果实和结果习性　蓝莓多为异花授粉植物。高丛蓝莓自交可孕,但可孕程度在品种间有明显差异;而兔眼蓝莓和矮丛蓝莓一般自交不孕,因此在生产上须考虑多品种搭配建园,以提高产量。蓝莓的花受精后,子房迅速膨大,大约一个月后增大趋于停止,之后浆果保持绿色,体积仅稍有增长。当浆果进入变色期与着色期后,浆果增大迅速,可使果径增长 50%。在着色以后,浆果还能再增长 20%,且甜度和风味变得适中。同一果穗上的果实不同时成熟,果穗顶部、中部的果实先熟,成熟时间一般在 6～8 月份。同一品种和同株树上的果实成熟期一般在 30 天左右;在贵州麻江和江苏南京,兔眼蓝莓早熟品种 6 月中旬开始成熟,晚熟品种 7 月上中旬开始成熟。在黑龙江、吉林和辽宁蓝莓早熟品种 7 月中旬开始成熟,晚熟品种 8 月上中旬开始成熟采收。

5. 根系　蓝莓为浅根系,没有根毛,根系分布在浅层土层,向外扩展至行间中部,当用木屑覆盖土壤时,在腐解的木屑层有根系分布,而在未腐解的木屑层没有根系分布。在疏松通气良好的土壤里,影响根系生长的主要因素是土壤湿度,当土壤灌水不足时,可以导致根系死亡。应用草炭进行土壤改良时,根系主要分布在树冠投影区域内,深度 30～40 厘米,而土壤覆盖根系向外分布较广,深度只集中在上层 15 厘米以内土层中。在一年内,蓝莓根系随土壤温度变化有 2 次生长高峰,第一次出现在 6 月中旬,第二次出现在 8 月上旬。生长高峰出现时,土壤适宜温度为 14℃～18℃。低于 14℃和高于 18℃根系生长减慢,低于 8℃时,根系停止生长。根系生长高峰出现时,地上部枝条生长也十分旺盛。

(二)黑木耳的生活史

黑木耳成熟时,能弹射出成千上万的担孢子,担孢子在适宜条件下萌发,或生成菌丝,或形成分生孢子。由分生孢子再生成菌丝。最初生出的菌丝是多核,然后形成横隔把菌丝分成为单核细胞,发育成单核菌丝,经过性结合形成双核菌丝,在此期间,菌丝不断生长发育,并生出大量分枝向基质蔓延,吸收营养和水分,一旦条件适宜,就形成子实体原基,最后发育成子实体。子实体成熟后,又产生大量的担孢子。这就是黑木耳的生活史。

三、对生活条件的要求

(一)蓝 莓

1. 光照 蓝莓的光照对于蓝莓来说是非常重要的环境因素,对于植物来说,光合作用植物本身最重要的本能之一,光照强度的大小对蓝莓叶片的光合作用影响很大。较高的光照强度是花芽大量形成的必要条件。在田间条件下,矮丛蓝莓由于树冠交叉,杂草影响光照强度,常处于饱和点以下,从而引起产量降低。如果光照强度不够的话,矮丛蓝莓果实的成熟也会推迟,同时果实成熟率和果实含糖量下降,就不如光照强的同种蓝莓好吃。在蓝莓育苗中,常适当遮阴以保持空气和土壤湿度。但是,全光照条件生根率提高,并且根系发育好。因此,育苗过程中在保证充足水分和湿度条件下的同时,也应尽可能增加光照强度。

2. 温度 在 20℃～30℃的温度条件下,光合能力最强,低于 20℃和高于 30℃,光合能力显著下降因而春季要放置在背风向阳的位置,以接受较高温度;夏季放置于通风较好的位置,以免温度过高,对植株造成伤害。蓝莓喜阳,在生长季可以忍耐 40℃至 50℃的高温,高于此温度范围时会导致生长发育不良。当气温从 18℃升至 30℃时,矮丛蓝莓根状茎数量明显增加且生长较快。夏季低温是矮丛蓝莓生长发育的主要限制因子。当土壤温度由 13℃～32℃时,高丛蓝莓的生长量呈比例增加。土壤温度对蓝莓的生长习性也有影响,高丛蓝莓蓝铃品种在土壤温度低于 20℃时,枝条节间缩短,生长开张;温度升高,树体生长直立高大。最适的生长温度为 15.6℃至26.7℃。蓝莓要达到正常的开花结果,一般要低于 7℃以下的低温需达到 800～1 200 小时,具体时间视品种不同而不同。储冷量不够,蓝莓也可正常开花,但不结果。

3. 水分 蓝莓生长对水分要求比较严格。从萌芽至落叶,蓝莓所需的水分相当于每周降水量平均为 25 毫米,从坐果到采收为 40 毫米,所以也是所有果树中抗旱力最差的果树树种。因此,保障充足的水源和灌水条件是蓝莓栽培成功的关键。土壤的水分不足将严重影响树体的生长发育和产量。为了使蓝莓能更好地生长,灌水必须在植株出现萎蔫以前进行,适时适量,合理灌溉。灌水的确定应根据土壤的类型而定。沙土持水力低,易干旱,应经常灌水。有机质高的土壤持水力强,灌水可适当减少。

判断应否灌水可根据田间经验进行。用土铲取一定深度土样,取样的土壤中的土球如果挤压容易破碎,说明已经干旱。根据生长季内每月的降水量与蓝莓生长所需降水也可做出粗略判断。常用的灌水方法有沟灌、喷灌、滴灌和微喷灌,同时应选择地表池塘水或水库水作为水源,通过土壤灌溉配合土壤改良、施肥等措施满足蓝莓生长结果的要求。

4. 土壤 种植蓝莓一定要在选地块前对土壤进行化验,主要测土壤 pH 值和有机质含量,对于不符合栽培蓝莓的土壤地块应在定植前采取土壤改良。

(1)土壤类型 蓝莓栽培最理想的土壤类型是疏松、通气良好、湿润、有机质含量高的酸性沙壤土、沙土或草炭土。在钙质土壤、黏重板结土壤、干旱土壤及有机质含量过低的土壤上栽培蓝莓必须进行土壤改良。

栽培高丛蓝莓的理想土壤以有机质含量高(3%～15%)、地下硬土层在 90～120 厘米深处的最好,可以防止土壤中水分渗漏。兔眼蓝莓对土壤条件要求相对较低,在较黏重的丘陵山地上也可栽培。

(2)土壤 pH 值 蓝莓喜酸性土壤。有研究提出,蓝莓生长适宜土壤 pH 值范围为 4.0～5.2,最适为 4.5～4.8。有研究认为,3.8 是蓝莓正常生长的 pH 值最低限,5.5 为正常生长的 pH 值上限。综合国内外研究结果,高丛蓝莓和矮丛蓝莓能够生长的土壤 pH 值为 4.0～5.5,最适 pH 值为 4.3～4.8;兔眼蓝莓对土壤 pH 值适宜范围较宽,为 3.9～6.1,最适为 4.5～5.3。

(3)土壤有机质 土壤有机质的多少与蓝莓的产量并不呈正相关,但保持土壤较高的有机质含量是蓝莓生长必不可少的条件。土壤有机质的主要功能是改善土壤结构、疏松土壤,促进根系发育,保持土壤中水分和养分,防止流失。土壤中的矿质养分,如钾、钙、镁、铁,可以被土壤中有机质以交换态或可吸收态保存下来。当土壤中有机质含量低时,根系分布主要在有机质含量高的草炭层。

(4)土壤通气状况 土壤通气状况好坏主要依赖于土壤水分、结构和组成。黏重土壤易造成积水,土壤通气差,导致蓝莓生长不良。在正常条件下,土壤疏松、通气良好时,土壤中氧气含量可达 20%,而通气差的土壤氧气含量大幅度下降,二氧化碳含量大幅度上升,不利于蓝莓生长。

(5)土壤水分 土壤干旱易引起蓝莓伤害。对干旱最初的反应是叶片变红。随着干旱程度加重,枝条生长细而弱,坐果率降低,易早期落叶。当生长季严重干旱时,造成树枝甚至整株死亡。土壤水位较低时,干旱更严重。

排水不良同样造成蓝莓伤害。土壤湿度过大的另一个危害是"冻拔"。由于间断的土壤冻结和解冻,使植株连同根系及其上层与未结冻土层分离,造成根系伤害,甚至死亡。对于这样的土壤,必须进行排水。

蓝莓喜土壤湿润,但又不能积水。理想的土壤是土层70厘米处有一层硬的沙壤土和草炭层。这样的土壤不仅排水流畅,而且能够保持土壤水分不过度流失。最佳的土壤水位为40~60厘米,高于此水位时,需要挖排水沟,低于此水位时则需要配置灌水设施。

(二)黑木耳

黑木耳别名木耳、光木耳。在分类学上属担子菌纲,木耳目,木耳科,木耳属。黑木耳属于腐生性真菌,自己不能合成有机物,完全依赖基质中的营养物质来维持生活。它虽然是一种木腐菌,但是对垂死的树木有一定的弱寄生能力。掌握其腐生并略具弱寄生能力的习性,对人工接种前的备料工作具有重要意义。黑木耳在生长发育过程中,所需要的生活条件主要是营养、温度、水分、光照、空气和酸碱度。

1. 营养　黑木耳以碳水化合物和氮物质为主要营养物质。

（1）碳源（主料）　木质素、纤维素、半纤维素、糖等为主要碳源，生产中的主要原材料有锯末、秸秆、玉米芯等。

（2）氮源（辅料）　氨基酸、蛋白质等为主要氮源，生产中常用豆饼粉、麦麸、稻糠等提供氮元素。

2. 温度　黑木耳属中温型菌类，对温度适应范围较广。菌丝可在 4℃～33℃ 的范围内生长，但以 18℃～23℃ 为最适宜，所生长的木耳片大、肉厚、质量好；低于 10℃，菌丝生长缓慢，高于 30℃，菌丝易衰老甚至死亡。在 14℃～28℃ 的条件下都能形成子实体，但以 18℃～23℃ 最适宜；低于 14℃，子实体不易形成或生长受到抑制；高于 33℃，子实体停止发育或自融分解死亡。担孢子则在 22℃～33℃ 均能萌发。

3. 水分　水分是黑木耳生长发育的重要因素之一。黑木耳在不同的发育阶段，对水分的要求是不同的。

4. 光照　光照对黑木耳菌丝体没有多大影响，在光线微弱的阴暗环境中菌丝体和子实体都能生长。但是，光线对黑木耳子实体原基的形成有促进作用，耳基在一定的直射阳光下才能展出苗壮的耳片。根据经验证明，有一定的散射光时，所长出的木耳既厚硕又黝黑，而无散射光时,长出的木耳肉薄、色淡、缺乏弹性,有不健壮之感。黑木耳虽然对散射光的忍受能力较强,但必须给以适当的空气湿度,不然会使耳片萎缩、干燥,停止生长,影响产量。因此,在生产管理中,最好给地摆场地创造一种"散射光",促使子实体的迅速发育成长。

5. 氧气 黑木耳是一种好气性真菌,在菌丝体和子实体的形成、生长、发育过程中,不断进行着呼吸活动,菌丝生长,需氧少,子实体生长需大量氧气。因此,要经常保障地摆场地的空气流通,以保证黑木耳生长发育对氧气的需求。二氧化碳浓度高、氧气不足会抑制菌丝发育和子实体形成。栽培场所的空气清新流通,是防止烂耳和杂菌污染的必要条件。

6. 酸碱度 从生物学角度看,黑木耳喜欢偏酸的环境,pH 值以 5.5~6.5 最合适,pH 值在 3 以下、8 以上均不能生长。但从实际生产中发现,pH 值 5.5~6.5 时杂菌率较高,在发菌后期菌丝体内的酸碱度逐步降低,生物学效率很低。如果把培养基 pH 值设在偏碱性的条件下,杂菌率大大降低,在发菌后期,菌丝体内的酸碱度处于 5.5~7,这样生物学效率大大提高。

第二章 优良品种与栽培时间

一、蓝莓的栽培品种

(一)兔眼蓝莓

兔眼蓝莓体高大,最高可达 10 米,寿命长,常绿。耐湿热能力强,抗旱能力强,对土壤 pH 值要求 5.5～7.3。果实大而硬,但风味欠佳。兔眼蓝莓适宜在亚热带地区种植。

(二)南高丛蓝莓

原产于美国东南部亚热带,分布于沿海及内陆沼泽地,耐湿热,耐冷能力比兔眼蓝莓强。果实比较大,直径可达 1 厘米。适宜于亚热带地区发展。南高丛蓝莓中比较好的优良品种基本上源于此种。

(三)北高丛蓝莓

原产于美国东北部,分布在河流边缘沙质地、沿海柔软湿地、内陆沼泽地及山区疏松土壤。要求温度高,抗寒力强,对土壤条件要求严格。树高 1.3 米,果实大,直径可达 1 厘米。果实品质好,风味佳,宜鲜食。适宜于温带地区发展。美国北部、中北部地区大部分栽培品种源于此种。

(四)狭叶蓝莓

原产于美国和加拿大东北部,分布在比较干旱的山区开阔地酸性土壤上,包括干旱沙土地、林缘开阔地、高山沼泽地、草炭荒地等。在美国缅因州和加拿大,它与其他品种混合野生。此种为矮丛型,树体矮小,抗旱、抗寒能力强,果实由黑色至亮蓝色。从此种中已选出优良栽培品种,适宜寒冷地区发展。

(五)绒叶蓝莓

原产于加拿大东部、美国东北部,主要分布于水湿地、高地、山地、草甸地。其植物学特点是叶片及枝条被绒毛,果实为淡蓝色,为矮丛型,树体矮小,抗寒力很强,可作为育种材料。

(六)笃斯蓝莓

原产于我国东北大小兴安岭、长白山、北美和欧洲，分布于水湿沼泽地。树高 50～80 厘米，抗寒力极强，可抵抗－50℃以下低温。果实椭圆至圆形，风味偏酸，宜加工。该种具有集中野生分布的特点，在我国长白山及大兴安岭都有大面积的集中野生分布群落，极有利于人工培育和采集。我国早在 20 世纪 50 年代就开始利用其果实酿酒，20 世纪 80 年代从果皮中提取人工色素。

笃斯蓝莓喜湿，抗涝能力很强，在水湿沼泽地上野生群落生长季几乎一直处于积水状态，但仍能正常生长结果。利用这一特点，可以作为抗寒和抗涝的优质育种材料。芬兰国家园艺所用笃斯蓝莓与欧洲 4 倍体高丛蓝莓杂交成抗寒、抗涝蓝莓优良品种"艾朗"。

(七)红豆蓝莓

原产于我国东北、朝鲜、北美、北欧的高山地带，常与笃斯蓝莓混生，为常绿小灌木。树高 15～30 厘米，叶片常绿，草质。果实为亮红色，风味酸涩，宜加工成酒或提取色素。抗寒抗旱力极强。

二、蓝莓栽培时间

在北方，蓝莓最好春季栽植，一般在 3 月下旬或 4 月上旬（清明节前后为宜）。因蓝莓品种特性不同，在栽植时间上应有所不同，一般以土壤结冻后立即栽植为宜。春栽可以避免秋栽的越冬管理环节，作业集中，管理方便，比较省工。幼苗移栽后，喷施新高脂膜，可有效防止地上水分蒸发、苗体水分蒸腾，隔绝病虫害，缩短缓苗期，有利于适应新环境，提高果树成活率。南方则在冬季种植比较好。

三、黑木耳的栽培品种

（一）极品康达一号

系高温型中早熟品种，温度 10℃～30℃之间，地栽划口后，14 天左右形成耳基，再经 20～25 天子实体分化成熟。耳呈黑褐色，小根，大朵，耳厚，阴阳面明显，耳背多筋，呈车轮状和分枝状，正反面明显，抗杂菌。

(二)康达一号

菌株属中温型品种,日温 15℃～32℃,划口后,15 天左右形成原基,再经 25～30 天培养成熟。黑褐色,朵状耳背银灰色,正反面突出,筋多肉厚,抗杂抗病,耳片边缘呈裙褶状,片厚。

(三)源 康 达

该菌株属中、高温型,在 15℃～32℃均可生长繁殖,最适温度是 20℃～26℃,前期 26℃,中期 21℃～23℃,后期 21℃。子实体发生范围为 14℃～32℃,最适温度是 18℃;子实体生长温度 15℃～32℃,最适宜温度 20℃左右。适合春、秋两季栽种;既适合大孔栽培,又适宜小孔栽培。

(四)姜菌一号

该菌株属中高温型品种,菌丝体生长整齐、粗壮,菌丝浓密、洁白,生长速度较快,子实体圆边齐整,片厚,根细,割小口呈碗状,耳片腹面呈黑色,背部黑褐色,反正面明显。收获时耳根较小并易采摘。菌丝生长对温度适应性很强。在 9℃～33℃均可生长,最适温度是 18℃～25℃,子实体生长温度范围为 9℃～30℃,最适温度是

15℃～20℃。

(五)姜菌二号

该菌株属中低温型品种,适合北方地区大小孔及木耳段栽培。子实体耐水性强。菌丝耐旱力很强,子实体色黑、片厚、圆边、反正面明显、有弹性。抗病抗杂抗逆能力强。

四、黑木耳栽培时间

我国按区域可划分为东北地区、华北地区、华东地区、华中地区、华南地区、西南地区、西北地区。

东北地区包括:黑龙江省、吉林省和辽宁省。栽培时间基本为 4 月 15 日至 5 月 10 日。

华北地区包括:北京市、天津市、河北省、山西省和内蒙古自治区。栽培时间基本为 3 月 10 日至 3 月 30 日。

华东地区包括:山东省、江苏省、安徽省、浙江省、江西省、福建省、台湾省和上海市。栽培时间基本为 2 月 10 日至 3 月 10 日。

华中地区包括:河南省、湖北省和湖南省。华南地区包括:广东省、海南省、广西壮族自治区、香港特别行政区和澳门特别行政区。栽培时间基本为 2 月 15 日至 3 月

10 日。

西南地区包括：四川省、云南省、贵州省、重庆市和西藏自治区。栽培时间基本为 3 月 1 日至 3 月 10 日。

西北地区包括：陕西省、甘肃省、青海省、宁夏回族自治区和新疆维吾尔自治区。栽培时间基本为 3 月 20 日至 4 月 10 日。

总之，每个地区每年由于大气环流不同，使得每年气温变化也不相同，统计出十分准确的栽培时间应根据自己当地当年的实际情况而定，最好提前咨询当地气象部门，确定每个月气温在 10℃以上，在往前推 75 天生产二级菌种，二级菌种长满袋就生产栽培袋。

第三章　蓝莓的繁殖技术

一、组培苗繁殖

蓝莓组培苗指从蓝莓植物体分离出符合需要的组织、器官或细胞、原生质体等,通过无菌操作,在人工控制条件下进行培养以获得再生的完整植株的苗木。

(一)蓝莓组培苗的特点

①生长快、长势强、整齐。生长周期短。

②无病毒,抗逆性很强。

③变异性不易发生,基本保持原母本的遗传特性。

④结果期短,品质好,产量高。

⑤繁殖迅速、短期内增加数量。

(二)发展组培苗的意义

①生产条件可以人为控制,占用空间小,不受地区、季节等制约进行组培苗生产。

②种纯优质,可以培养大批量脱毒苗木。

③培养周期短。

④管理方便,利于集约化生产和自动化控制。

(三)组培苗的壮苗标准

由于各地的自然条件不一样,目前没有一个统一的壮苗标准,可以从 2 个方面进行识别:一是地下部分根系发根数量多,分布均匀,生活力强;二是地上部分分枝多,枝条粗壮,生长势强。

(四)蓝莓组培技术

1. 组培室设计

(1)综合室 主要功能是:器具的洗刷、干燥、消毒,生理生化指标的测定以及化学药品的保存等。

(2)接种室 材料进行接种的场所,内置超净工作台,外设缓冲间,放置工作服、工作帽、拖鞋等。

(3)培养室 用于植物材料的无菌培养,室内主要有培养架和控制温度及光照设备。

(4)细胞学观察实验室 进行培养材料的组织学、细胞学观察等。

2. 常用设备和器材

(1)高压灭菌锅 用于培养基、蒸馏水和接种器械的灭菌消毒。

(2)无菌工作台　用于培养物的无菌操作。

(3)接种工具　包括双筒实体显微镜、镊子、剪刀、解剖刀、酒精灯等。

(4)培养设备　包括空调机、定时器、温度控制器、增湿机或去湿机、培养架、摇床或旋转床、日光灯、光照培养箱等。

(5)化学实验及分析设备　包括电子天平、普通天平、酸度计、蒸馏水器、烘箱或玻璃器皿烘干器、电炉、药品柜、冰箱、晾干架、高压灭菌锅、手提式灭菌锅、培养箱、超净工作台、烘干箱等。

3. 玻璃器皿的选择和清洗

(1)玻璃器皿的选择　三角锥瓶适用于各种培养。L形管和 T 形管为专用的旋转式液体培养试管。培养皿适于作单细胞的固体平板培养、胚和花药培养和无菌发芽。三角形培养瓶和圆形培养瓶适用于液体培养。用试管适合于作少量培养基及试验各种不同配方时选用。

(2)玻璃器皿的清洗　清洗玻璃器皿常用洗涤剂、洗洁精、洗衣粉和铬酸钾洗涤液。先将器皿中的残渣除去，用清水洗净，若还有污渍再用热的肥皂水或洗洁精洗净，清水冲洗干净后再用蒸馏水冲洗一次，干后备用。

(五)培养基的主要成分及制作程序

1. 培养基的主要成分

(1)无机盐 大量元素包括 C、H、O、N、P、K、Ca、Mg、S、Cl。微量元素包括 Fe、Cu、Mo、Zn、Mn、Co、B、Na。

(2)水 培养基 95% 是水,应使用蒸馏水、双蒸水或使用去离子水,水应放在塑料容器中。

(3)有机化合物 糖(碳源和能源),维生素类(包括维生素 B_1、维生素 B_6、生物素、烟酸、叶酸等),氨基酸类(有机氮源)。

(4)植物激素(生长调节物质)

①生长素 主要包括 IAA(吲哚乙酸)、NAA(萘乙酸)、2,4-D(2,4-二氯苯氧乙酸)、IBA(吲哚丁酸)。主要作用是诱导愈伤组织的形成、胚状体的产生以及试管苗的生根,更重要的是配合一定比例的细胞分裂素诱导腋芽及不定芽的产生。作用的强弱顺序为:2,4-D＞NAA＞IBA＞IAA。

②细胞分裂素 天然细胞分裂素有 6-BA(6-苄基嘌呤)、KT(激动素,糠基酰嘌呤)等;人工细胞分裂素有 ZT(玉米素)、2-iP(2-异戊烯酰嘌呤)等;它们的主要作用是促进细胞的分裂和器官的分化、延缓组织的衰老、增强

蛋白质的合成、抑制顶端优势、促进侧芽的生长及显著改变其他的激素作用;作用的强弱顺序为:TDZ,4PU＞ZT＞2-iP＞6-BA＞KT。

③赤霉素　赤霉素是一种广谱、高效植物生长调节剂,能使种子、块根、块茎、鳞球茎等器官提早结束休眠,提高发芽率,起到低温春化和长日照作用,提早开花结果,促进其果实生长发育等作用。

④乙烯及乙烯抑制剂　生理作用是:促进果实成熟、促进叶片衰老、诱导不定根和根毛发生、打破种子和芽的休眠、抑制许多植物开花(但能诱导、促进菠萝及其同属植物开花)、增进雌雄异花同株植物雌花分化等。

(5)天然提取物　包括椰乳、酵母提取物、番茄汁、香蕉泥等,其作用是提供一些必要的微量营养成分、生理活性物质和生长激素等。

(6)琼脂　主要是使培养基在常温下凝固。

(7)活性炭　在培养基中的目的主要是利用其吸附能力,减少一些有害物质的影响。

2. 制作程序　将培养基的主要成分无机盐、有机化合物、植物激素配制成母液备用,配制培养基时候按照比例吸取母液至蒸馏水中,加入蔗糖,搅拌均匀后定容。加入琼脂、活性炭,搅拌均匀,调节溶液 pH 值。密封好,放入消毒灭菌锅中灭菌,灭菌后放凉后使用。

（六）外植体的选择和灭菌

1. 外植体的选择

（1）外植体部位 新发芽的茎尖分生组织或者叶片、花药作为外植体，或者无菌培养的植株其他部位进行离体培养。

（2）取材季节 在植物的生长季节取材。如在植株生长的最适时期取材，这样不仅成活率高，而且生长速度快，增值率高。花药培养应在花粉发育到单核期时取材，这时比较容易形成愈伤组织部位。

（3）外植体的大小 外植体越小成活率越低，外植体越大感染率越大。一般枝条外植体为 0.5 厘米^2，花瓣、叶片外植体为 5 毫米^2。

2. 灭菌方法

（1）茎尖、茎段及叶片等的消毒 用清洁剂清洗→75％酒精浸泡 10～20 分钟→无菌水洗 2～3 次→NaCl 或升汞溶液浸泡 10～15 分钟→无菌水洗 3～4 次。

（2）果实和种子的消毒 自来水冲洗 10～30 分钟→70％酒精漂洗→2％ NaCl 液浸 10 分钟→无菌水 2～3 次→取出种子培养。

（3）根及地下部器官的消毒 自来水冲洗→纯酒精漂洗→升汞浸 5～10 分钟或 2％ NaCl 液浸 10～15 分

钟→无菌水洗 3 次。

（4）花药的消毒　70％酒精浸泡数秒钟→无菌水洗 2～3 次→漂白粉上清液浸 10 分钟→无菌水洗 2～3 次。

(七)外植体接种和培养

1. 外植体的接种

（1）接种室的消毒　用70％酒精喷雾使细菌和真菌孢子随灰尘的沉降而沉降，再用紫外灯照射 20 分钟；或用高锰酸钾与甲醛蒸气熏蒸。超净工作台可用新洁尔灭或酒精擦洗，其他一切器皿、衣物都要经严格的灭菌才能带进接种室。

（2）接种　左手拿试管或三角瓶，右手拿接种针或镊子接种，瓶口要靠近酒精灯火焰 10 厘米内接种动作要快，以免造成污染。

2. 培养方法　蓝莓一般采用固体培养，即用琼脂作为支持物，在固体培养基上培养蓝莓组培苗。

3. 培养条件　包括温度、湿度、光照、pH 值、氧和其他气体等。蓝莓一般在 25℃ 左右进行光照培养，光强一般为 3 000～5 000 勒克斯，培养间空气相对湿度不宜过高，要控制在 60％ 以下。经过 30 多天的培养，就可进行分苗了。增值的蓝莓苗达到所需的规模后，即可进行生根处理了。蓝莓一般采取瓶外生根技术，即在温室内进行扦插生根,此种方法可以大量节省组培室的投资规模和生产成本。

玻璃化是将某种物质转变成玻璃样无定形体(玻璃态)的过程,是一种介于液态与固态之间的状态,在此形态中没有任何的晶体结构存在。

4. 外植体褐变及其防止　褐变是指外植体在培养过程中,自身组织向表面培养基释放褐色物质,以致培养基逐渐变成褐色,外植体也随之进一步变褐色而死亡的现象。主要防止措施有:

①培养基中加入抗氧化剂;

②用抗氧化剂浸泡外植体后再接种;

③减少光照强度或在黑暗条件下培养;

④多次更换培养基;

⑤加入多胺类物质,如精胺、亚精胺通过刺激细胞分裂,加速组织生长,减少褐化。

5. 试管植物的玻璃化现象及其预防措施　玻璃化是冷冻生物学中一项简单、快速、而有效的保存有生命的细胞、组织和器官的方法。通过玻璃化法降温保存细胞时,细胞内外的水都不形成结晶,细胞结构不会受到破坏从而细胞得以存活。

试管苗玻璃化是指组织培养过程中的特有的一种生理失调或生理病变,试管苗呈半透明状外观形态异常的现象。这种现象叫"玻璃化现象",又称过度水化现象。玻璃化苗绝大多数为来自茎尖或茎段培养物的不定芽。通常玻璃化苗恢复正常的比例很低,在继代培养中仍然形成玻璃化苗,因此,玻璃化苗是试管苗生产中亟待解决的问题。

二、扦插繁殖

(一)硬枝扦插

在冬季休眠期采用树冠外围生长发育充实健壮的一年生发育枝(粗 0.5～0.7 厘米),截长 15～20 厘米的枝段,上端距芽 2 厘米左右平剪,下端削成斜马蹄形,削面要光滑,以利生根。将枝段下端 1～2 厘米浸入 3×10^{-3} 倍的吲哚丁酸溶液中,浸泡一下取出,待晾干后插入洁净河沙的插床中,扦插深度 10 厘米,置遮阴处,保持一定的湿度,60～70 天根开始发育。以后将插条再移至 25℃ 的温床中,生根后移到泥炭纸盆或营养钵中,在荫棚中放置 3～4 天,再移到阳光下。在根系发达,生长良好时移至苗圃或直接栽于果园。注意尽量少伤根。管理与嫁接苗相同。

（二）绿枝扦插

采集常绿枝叶，取半木质化的终端作插穗，长 15～20 厘米，下段叶片剪除，上端保留 3～4 片叶，每叶只留半片，插穗基部削成马蹄形。用 800 倍多菌灵液消毒，在 $1×10^{-3}$ 倍的吲哚丁酸溶液中浸 5～7 秒钟取出晾干，然后扦插苗在根系发生较好。上部萌芽生长后，可移入湿润粗沙与蛭石各半的混合钵休中，在荫棚中放置 3～4 天后再移到阳光下。待根系生长良好时移入苗床培育。

三、嫁接繁殖

嫁接繁殖能保持品种优良性状，为当前经济栽培中繁殖苗木的主要方法。

（一）砧木的选择

蓝莓丰产与砧木有直接关系。良好的砧木要应与接穗亲合力强，对品种的生长和结果有良好的影响（如生长好、寿命长、结果早、丰产性强等），适应当地气候、土壤条件，抗性强（抗病虫害、抗自然灾害），具有特殊需要的功能（如矮化等），砧木种子发芽率高，嫁接容易，适应性强，耐寒力和耐旱力强，还较耐碱。嫁接亲合力强，成活率高,是北方地区常用的主要砧木,嫁接苗定植在果园里植株应生长一致等,并能保持嫁接品种果实的质量和产量。缺点是怕涝,易罹根瘤病和颈腐病。

(二)苗木嫁接

1. 接穗采集和保存 接穗是决定嫁接成活率高低的重要因素之一,因此要严格挑选接穗。首先要选择优良的品种,植株要求是树势健壮、无病虫、生长结果良好的成龄树,幼旺树不宜选取接穗。应选树冠外围生长充实、芽饱满、无病虫危害的当年生发育枝,长果枝为好。采下的接穗及时去除叶片,留下叶柄,按品种挂上标签,放在阴凉潮湿的地方,或将接穗下端埋入湿沙中或浸入3厘米深的水中,上端覆以湿毛巾,或用塑料布包好暂存入冰箱。苗圃地与果园较近的可随采随用,如果在外地当天不能到达嫁接地点的,应严格保湿,接穗应用湿毛巾、湿麻袋包裹后用塑料薄膜封闭,防止水分蒸发,夜晚打开下端浸入水中,第二天要包严,运到后要及时嫁接。

春季枝接用的接穗,可结合冬剪采集,按品种捆好,挂上标签,埋于湿沙中,注意保湿、保温、防冻。也可在萌芽前随采随嫁接。外运的接穗要用蜡封两端,注明品种,用湿布等物包好,再用塑料袋封闭运输。

2. 嫁接时期 嫁接可分为3个时期。一是秋季嫁接，采用芽接法，一般在 6 月下旬至 8 月上旬进行，凡气温在 20℃ 以上，能产生愈合组织，都是嫁接的最佳时期。7 月下旬虽然可以嫁接，但此时正值雨季，切口容易流胶，影响成活，所以多在 8 月初至 9 月份进行。二是夏季芽接，在 5 月底至 6 月上旬进行，用于当年成苗出圃。三是春季萌芽前进行，采用枝接法或带木质部芽接法。

3. 嫁接方法　蓝莓嫁接常用的方法有"T"形芽接法、带木质部芽接、嵌芽接、枝接等。

(1)"T"字形芽接法　又叫"丁"字形芽接法或盾形芽接法。"T"形或"丁"字形，是从砧木切口的形状得来的，"盾"形芽接是指削取的芽片的形状呈盾形。"T"形芽接是目前果树育苗上应用最为广泛的嫁接方法，操作也简便并且嫁接成活率高。

"T"形芽接法采用的砧木，通常直径粗度在 0.6～2.0 厘米，在皮薄而易与木质部分离时进行。砧木过粗、树皮增厚反而影响成活。

①削芽　在接穗上选饱满芽，用刀在芽上 0.5 厘米处横切一刀，切透皮层，再于芽下 1.5 厘米处斜向上削，刀口深入木质部，并与芽上的横切口相交，然后用拇指横向推取芽片，芽片内不带木质部，注意取芽片时不要弄掉维管束。取下的芽片可含口中，以防干枯。

②切砧　在砧木离地面 5 厘米处选一光滑无伤处，

用刀横切透片层，再从横口的中间向下垂直切一刀，长1.5～2.0厘米（可视芽片的长度而定）。

③插芽片　用刀尖或刀把后部的薄片把切开处两侧的皮略微剥开，使木质部与韧皮部分离。然后用手指摄着接芽的叶柄，插入盾形接芽，并使芽片的上部横刀口与砧木上的切口对齐连接靠紧。用塑料条从接口上端向下一圈压一圈地全部把伤包严，打成结，以便解绑。注意把芽尖和叶柄留在外面，以便检查成活率。带木质部芽接，只是削取的接芽略带木质部，方法与上相同。

(三)嫁接苗的管理

苗木嫁接后，为确保接芽成活并培育成壮苗，必须加强嫁接后的管理工作。

1. 检查成活率、补接　在嫁接后15天，可检查接芽或接穗的成活率，并随时解除绑缚物。芽接的，凡芽片的叶柄手触即落就表示已成活；枝接的，需待接穗萌芽的一定生长量时解除绑缚物。对没有接活者，需重新补接。

2. 剪砧除萌蘖　芽接成活的苗木，在第二年春季树液流动时剪砧较为适宜，剪口宜在接芽上方0.5厘米左右处。过早剪砧易被风吹干，影响接芽生长。如果是当年出圃，可在夏季实行二次剪砧，第一次在成活后2周左右留5～10厘米处折砧，待接芽萌发抽枝后再在接芽上方 0.5 厘米处剪砧。剪砧后，接芽周围会长出萌蘖，应随时除掉，以免影响接芽生长。地面上嫁接的枝接苗，应在萌芽时扒开培土、除掉萌蘖。

3. 加强管理 嫁接苗生长前期，应加强肥水管理、适时中耕除草，促进苗木生长。后期应控制肥水，防止旺长，影响组织发育。苗期还需随时防治病虫害，确保嫁接苗正常生长发育。

(四)蓝莓园内整形

当年 6～7 月份进行芽接者，第二年嫁接苗长至 60～80 厘米时，应及时进行摘心，以促进分枝及促使二次梢加速加粗生长，利用二次梢作为骨干枝，加速成形。如不摘心，由于砧木桃苗生长迅速，到冬季出圃时苗木粗，高度可达 100～150 厘米，主干上分枝较弱、部位较高，不能作为骨干枝，定植时需重新定干，延长了幼树成形的时间，所以在圃内对桃苗进行整形非常重要，这是培育壮苗达到早果、早丰产的有效措施。这项技术尤其适用于砧木苗较稀的苗圃地。

四、"三当"快速育苗技术

"三当"育苗就是当年播种砧木种子，当年嫁接品种，当年出圃成苗。这是近年来加快苗木繁育满足生产上急需用苗的较好方法,但要求技术高,嫁接时期短,过早嫁接当年苗木组织不充实,用这样的苗建园,将影响苗木成活以及苗木生长量。其技术要点如下。

(一)提早处理砧木种子

选优良的毛桃种子,提早于 11 月上旬进行沙藏层积处理;播种前 3～5 天对层积仍未破壳或萌动的种子再进行温汤浸种,催芽后再入土播种。

(二)施足基肥

苗圃地每 667 米^2 增施农家肥 5 000～8 000 千克,碳酸氢铵、磷肥、饼肥各 50 千克,拌匀撒开,翻入 10～15 厘米的土壤中,并精细整地、打畦备播。

(三)提前播种,及时覆膜

对已处理好的种子,要提早在 2 月下旬播种结束,边播种边覆盖地膜。

(四)及时摘心,提早嫁接

待砧木长到 25～30 厘米时进行摘心,促进幼苗尽快加粗生长。同时,在 5 月上旬对准备采接穗的母株的外围枝条提早摘心，促使接芽尽快充实饱满。嫁接时间提前在 5 月底至 6 月中旬，可适当提高嫁接部位。

（五）进行二次剪砧

嫁接 8～10 天，接芽成活后，在芽上方 2～3 厘米处折断砧木促发萌芽，可利用折砧枝上叶片的同化产物供给嫁接苗生长。当接芽抽梢 10～15 厘米时，部分新叶转绿成熟进入功能期，再从接口上约 0.3 厘米处剪砧。二次剪砧是当年出圃苗木的关键，否则会致使接芽和砧木一起枯死。

（六）增施速效性肥

嫁接前 10 天左右，砧苗追施一次速效肥，嫁接后在整个幼苗生长的前期每隔 2 周喷 1 次 0.3％～0.5％尿素，后期喷同样浓度的磷酸二氢钾溶液。同时，注意抹除砧芽，防治病虫，中耕除草。出圃时苗木可达 70～80 厘米。

第四章　蓝莓的栽培技术

一、建　园

(一)园地选择

根据蓝莓的生态适应性,先确定适栽区域(即气候条件适宜区),然后进行种植地块的选择。在选择种植地块时要首先了解或测定土壤 pH 值;其次,要尽可能选择土壤疏松、富含有机质而且排灌条件良好的地方。若是山地要尽量选择阳坡中、下部,坡度不宜超过 15°,大于 15°时要修筑 2 米宽的梯田;立体地势类型,以荒山地、低产松林改造地最佳,坡地退耕也可。但退耕地的栽植成活率不如松林改造地的成活率高,而且病虫害和杂草也比松林改造林地多,使生产管理成本增大。在南方丘陵山区,结合商品林基地建设,推广种植蓝莓,既能改善生态环境,又调整了林种结构。园址选择具体考虑以下几个方面。

1. 土层和土壤　蓝莓根系较浅,没有根毛吸收水分和营养能力较小,但根系细而纤维壮,根系分枝多而密,每个分枝的直径在 60～85 微米,在土层较浅的土壤上也能生长,但土层深厚、土质疏松有利于根系生长发育。选土层深厚、自然排水良好的透气性强的沙质壤土较为适宜。在盐碱地、沙荒、河滩、黏重土壤上建园时应在改良土壤后再种植。

2. 地下水位 因桃树根系浅、不耐涝,在平地与河滩地建园时,应选择地下水位在 1.5 米以下的地段。地下水位 1 米的地段要采取高畦种植,增加土层厚度,并要开沟排水,防止土壤渍水。

3. 交通运输 蓝莓不耐贮运,应在交通方便的地方种植。果实成熟后要在短时间内进入市场销售或加工。鲜食品种应在城区、矿区大面积发展。

4. 重茬问题 蓝莓是忌重茬的树种,不宜连种。如果在老蓝莓园重新栽植蓝莓,易出现缺素症,使新植的蓝莓根系呼吸受阻,活性低,发育不正常,生长根与吸收根易枯死,进而影响地上部分正常生长。在黏重或缺肥的土壤上表现更严重。此外,土壤中残留的根线虫增殖,危害根部,也是造成生长结果不良的原因。因此,应尽量避免蓝莓重茬,应深耕清除残根,将黑木耳的废料深挖混合晒地进行改良。栽前苗木可用 45℃温水消毒 10～30 分钟再行栽植。一旦定植就要在原地生长结果几十年。因此，在建园前必须进行全面规划，并且对当地的自然条件、社会和环境条件做细致调查，先确定能否建园。园址选定后，要进行规划设计，做好苗木、品种、建园等项准备工作。蓝莓园规划是蓝莓和黑木耳立体栽培成败的关键，一定要做好蓝莓园规划工作。

(二)果园规划

园地选定后，要根据地形、地势、地貌划分出小区，安排好工作道路、防护林系统及果园配套建筑物的位置。建筑物包括工具、机械库、配药池等，应设在果园中心、交通方便处，并尽量不占用好地。

1. 小区划分 一般平地蓝莓园，小区面积在 1.3～2 公顷为宜，山地、丘陵及缓坡地可根据地形划分不同形状的小区，小区的长边要与等高线平行，以利于水土保持，面积以 0.5～1 公顷为宜。平地果园长边（树行）取南北方向，以利光照均匀。在风害严重地区，小区长边应与风害方向垂直以利减轻风害。

2. 道路规划 蓝莓园必须有路，大型蓝莓园要有主路、支路和小路。小区以主、支路为界，小区内设小路，以便生产作业方便。主道、支道互相连接，外边与公路接通。丘陵山地蓝莓园坡度应在 15°以下。

3. 排灌系统 蓝莓园排灌系统包括灌水和排水 2 个

部分。一般结合道路进行规划,渠多数依道而设,能灌能排。目前蓝莓园多采用滴灌,可在蓝莓树下、出耳床的两侧设滴灌。

排水对于耐湿性较差的蓝莓树尤其重要。特别是雨水多、地下水位高的蓝莓园,排水是不可缺少的一项设施。所以,蓝莓园应设排水沟,排水沟分干沟和支沟,小区与小区之间设计支沟,支沟通向干沟。主排水沟的方向与蓝莓行、出耳床方向一致。排水沟数量应以地下水位高低、雨量大小、蓝莓园积水程度等而定。地下水位不到1米深的蓝莓园应当每2行间有一排水沟或进行高畦栽培。

4. 山地蓝莓园规划 山地果园有梯田式和撩壕式2种。

(1)梯田式蓝莓园 梯田式多数是按山坡地的自然形状(坡或沟为单位)划分小区,坡面过大也可以划分成若干小区。区间道路以"等高螺旋"形式盘旋上山,道路设计要考虑安全。还要布置排灌系统。梯田的向阳面用石头修成,田面要整齐、平整,像台阶一样互不遮光,田面宽度以坡度而定,一般可栽1~2行蓝莓树。

(2)撩壕式蓝莓园 撩壕一般比梯田坡度小,土山上没有现成的石头垒梯田时,一般在坡的斜度为10°左右,撩间距离可定为20米。按等高线定出沟的中线,中线两侧划平行于中线的两条线,将中线里的土挖出,堆在沟的外下侧,成为壕。在壕顶外侧处挖穴种植蓝莓树,壕的内侧稍低处摆放黑木耳菌袋出耳。

5. 防风林带　防风林可以防风固沙,减少果园水分蒸发,改善蓝莓园小气候,为蜜蜂传粉创造条件,而且可以保持水土,防止土壤冲刷,在盐碱地防止土壤返碱,有利于蓝莓树生长发育。防护林其背风面的有效防护范围是林带高度的 20～30 倍,迎风面为其高度的 5～6 倍。林带配置方式是林带中间配置 3 行高大的乔木,如毛白杨和垂柳、小叶杨等。两边栽植 2 排灌木,离林带 2 米处可挖断根沟。果树距林带 10～15 米远处定植,距离太小光照受影响。防护林带要比蓝莓树定植早 1～2 年或同年培植,才能有效发挥防护作用。

(三)整地做床

1. 整地　园地选择好后,在定植前一年进行深翻并施绿肥。如果杂草较多,可提前一年喷除草剂杀死杂草。土壤深翻深度以 15～20 厘米为宜,深翻熟化后平整土地,应先清除石块、草根、树根、硬土块等,然后才能深翻。对于有地下害虫的地块,可在前一年进行深翻整地,精耕细作,破坏其生活环境,使地下害虫(卵)裸露地表,冻死或被天敌啄食。也可在深翻前用敌百虫、百菌清、敌克松、退菌特、炭疽福美、五氯硝基苯、速效菌核净、高效菌核净、40%甲基异柳磷、3%地虫净、呋喃丹颗粒或5%辛硫磷颗粒均匀撒施地面，随即翻耙使药剂均匀分散于耕作层，既能触杀地下害虫，又能兼治其他潜伏在土中的害虫。如果是春耕整地做床式栽培，可将锯末用50%辛硫磷或50%甲胺磷乳油加适量水浸泡，阴干，撒施于整地地表，用旋耕机旋耕分布到耕作层的各个层面，被土壤水分浸湿后释放毒性，对地下害虫进行毒杀和驱避。

2. 做床 做床的目的是在床上摆黑木耳栽培袋和挖蓝莓树穴。床面宽 1.2 米，作业道宽 30 厘米，先将床面搂平，不能有土块，床面略呈凹形，以利雨水流入床中，保持土壤水分。床高一般在 10 厘米左右，视地块旱涝灵活掌握。山地做床时为了保持土壤水分和养分需要横山做床，坡度较大的山地要做成平面宽 1～2 米的小面积梯田式栽植穴。一般栽植穴宽 40～50 厘米、深 35 厘米，挖栽植沟时表层土与下层土壤一定要分开放置。挖好栽植穴后，将有机肥和表层土及下层土回填，填实填平，防止土实后下沉过大黑木耳菌袋倒地。深挖栽植穴的好处是：穴内全为优质土壤，蓄水量加大，土壤养分条件好，有利于培养蓝莓深根系发育，抗旱性能增强。需要注意的是小面积梯田坡面上生长的杂草要全部保留不能拔掉，它有利于黑木耳子实体的生长，下一年将出过耳的黑木耳菌袋直接翻在地里。

二、土壤管理

土壤是蓝莓树生长的基础,在蓝莓生长过程中,土壤要不断地供给蓝莓树体所需要的养分、水分等。但是,土壤不加强管理会变得紧实板结、通气不良,微生物活动变弱,肥力降低,从而阻碍蓝莓根系的正常活动,影响地上部生长结果。因此,要进行土壤管理,保持土壤疏松透气,不断提高土壤肥力,为蓝莓树生长发育创造良好的土壤条件,使蓝莓树早果、丰产、稳产。

1. 果园深翻 土壤的深翻熟化是蓝莓树增产的基本措施,深翻结合施肥,可改善土壤的理化性状,促使土壤团粒结构的形成,提高土壤肥力。蓝莓园深翻,特别是在土层瘠薄的山地果园,有利于根系生长发育,提高其吸收能力,加强地上部养分的同化作用,促进蓝莓树体生长和花芽形成,同时提高产量。

(1)深翻时期 春、夏、秋均可进行,但以秋季为好,因秋季深翻断根易愈合,并能很快恢复生长和吸收功能,对后期养分吸收、积累有利,一般在黑木耳采收后为宜。夏季深翻对幼旺树可起到抑制生长、促进成花的作用。

(2)深翻深度 深度以根系集中分布层稍深为好,一般深度为 30～50 厘米。土壤紧实、土层较薄的园地应深些，土层深厚、疏松的园地可浅些，必须将出过木耳的废菌袋打碎。

（3）深翻方法 主要有扩穴深翻、条沟深翻、隔行深翻等。

①扩穴深翻 在幼树期间，逐年在树冠外缘挖深、宽各 30～50 厘米的环状沟，直至全园翻通。

②条沟深翻 幼树定植前采取开通沟的果园，每年应沿栽植沟外沿继续向外开挖宽为 50 厘米、深为 30 厘米的沟。

③隔行深翻 即隔一行翻一行，逐年轮换。与全园深翻相比，每年只伤一侧的根系，对树体生长结果影响较小。

2. 中耕除草 果园除深翻外，每年还需进行数次中耕，通常在灌水后或降雨后进行中耕，可以使土壤疏松通气，防止土壤板结，保持墒情，并减少杂草对土壤水分和养分的竞争。

中耕的深度随生长而异。早春中耕宜深些，深 8～10 厘米。硬核期宜浅耕除草，深 5 厘米，尽量少伤根。夏季只需除草，不必松土，以利于水分的径流和土壤水分蒸发。秋季在蓝莓树落叶前后，结合施有机肥进行较深的中耕，其深度一般是从树冠下由里向外逐渐加深，靠近树干周围宜浅,约 10 厘米,树冠外围可深至 20～30 厘米,耕后耙平,秋耕时注意尽量少伤粗根。

对没有做好水土保持工作的斜坡地,在雨季不宜中耕,以免水土流失,地面有地摆黑木耳基本不除草。

3. 土壤改良 盐碱土壤改良,应在果园顺行间每隔 20 米挖一道排水沟,一般深 1 米,上宽 1.5 米,底宽 0.8 米,排水沟与较大的支渠相连,使盐碱能排出园外。此外,地面铺沙、盖草、营造防风林降低风速、种植绿肥和深耕施有机肥等措施均能减少蒸发,防止返碱。黏重土壤应掺含沙量较多的疏松土壤进行改良。

三、品种选择与配置

(一)品种选择

蓝莓品种很多,如何根据当地的实际需要选择合适的品种,是建立蓝莓园成败的关键。选择品种主要依据以下几点。

1. 水土适应性 尽管蓝莓树适应性强,但具体到某个地区、某一个小区环境,品种间的适应性是不一样的。每个品种只有在它的最适条件下才能发挥该品种的优良特性,产生较大的效益。蓝莓的栽培种类有三大类,即高丛蓝莓、矮丛蓝莓和兔眼蓝莓。其中，高丛蓝莓又分为北高丛蓝莓、南高丛蓝莓和半高丛蓝莓三类。矮丛蓝莓和半高丛蓝莓适宜在温带寒冷地区种植，北高丛蓝莓和一些半高丛蓝莓适宜在暖温带地区种植，兔眼蓝莓和南高丛蓝莓适宜在亚热带地区种植。

2. 成熟期　在蓝莓品种选择上不仅要考虑蓝莓果实的成熟期与其他水果成熟期错开，而且要考虑蓝莓本身早中晚熟品种搭配，以免成熟期过分集中，一起上市，销不出去，难以高效。作为生产品种不要太多，一般选择3～4个即可。

3. 市场销路　选择品种要看销路如何，哪些品种受欢迎。早熟品种，因其生育期短，品质不如中晚熟品种，由于过于追求早上市追求高产，致使品质偏差，味道偏淡，不受欢迎。选择品种时应慎重选择早熟品种，一旦选用应采取多施有机肥、合理负载、适期采收等措施。另外生产蓝莓园所在地的人口、交通、加工等条件也直接影响果品的销售。城郊、矿区人口集中的地方可选用鲜食甜味品种，交通不便的地区要选用硬肉、耐贮运鲜食或成熟期错开的加工品种。

(二)品种配置

蓝莓的多数品种自花结实力强，通过异花授粉可明显提高结实率。但对于花粉不育的品种,必须配置授粉树,授粉树与主栽品种搭配比例一般为 1：1 或 2：1,授粉品种应该与主栽品种有同等的经济价值,花期相遇、亲合力良好,花粉量多,坐果率高。

四、栽植密度与方式

(一)栽植密度

蓝莓树栽植的密度既要考虑充分利用阳光适宜树体生长发育,又要考虑充分利用土地。密度过大、树冠郁闭、光照条件不好影响结果,密度过小光照好但土地利用率低、单产低。栽植时应根据品种特性、土壤地势和栽培管理水平,确定合理的栽植密度,以保证植株有足够的营养面积和空间进行生长和结果。一般情况下,土壤肥力好的栽植宜密,土壤贫瘠可适当稀植。目前,生产上常用的密度为 2 米×3 米或 1.5 米×4 米。一般坡地比平地种植可适当加密。

(二)栽植方式

蓝莓的栽植方式以便于地摆黑木耳的栽培、有利于经济利用土地为原则。平原地区一般生产上常用长方形或正方形栽植,为地摆黑木耳栽培打下良好基础,少数平原地区利用宽行密株栽植。山坡地多采用等高线栽植。

1. 长方形栽植　行距大于株距。这是目前生产上应用最广的一种良好的栽植方式。其优点是通风透光良好,便于管理,利于地摆黑木耳生长。

2. 正方形栽植　株行距相等。其优点是光照分布均匀,利于树冠生长,便于地摆黑木耳生长。

3. 宽行密株形　实际上是长方形栽植的一种演变,即行距特宽,株距密,一般行距宽 20~30 米,株距 2~3 米。这种栽植方式有利于地摆黑木耳生长,提高土地综合效益,解决菌类和果争地矛盾,是一种较好的栽植方式。

4. 丛植法　如果蓝莓苗较多,为了提早丰产可以采用 2~3 株一起栽植,每株为一个主枝,增加结果面积,提早收益。

5. 等高栽植　多用于山地、梯田和撩壕。即蓝莓树沿着等高线栽植,相邻两行不在同一水平面上,但行内距离应保持相等。

五、定　植

(一)定植时期

蓝莓定植时期可以在秋季,也可以在春季萌芽前。秋季定植的苗木,根系恢复较早,春季生长较好,但在冬季过分干冷的地区成活率会受到严重影响。春季定植的苗木恢复生长较晚,但成活率高。一般可以秋季整地、做床、挖穴,春季定植。春季定植时间一般在 4 月中下旬至 5 月上旬。而黑木耳是在冬季制种制栽培袋养菌,5 月中下旬地摆出耳。蓝莓如果定植的苗木是带叶钵苗,在采取遮阳网、并保持土壤湿润的条件下,也可变季节进行脱钵种植。

(二)定植方法

将苗木从营养钵中取出,把苗木土团放在水盆中用水浸透,在定植穴上挖 15 厘米×25 厘米的小坑,填入一些事先配制好的土或将园土与掺入出过木耳的菌袋混匀填回。定植前应进行土壤测试,如缺少某些元素可将肥料一同施入,然后将苗栽入,栽苗深度应覆盖原来苗木土 3 厘米厚为宜。轻轻踏实浇透水,待水渗下后覆一层疏散表土。为缩短缓苗期,提高成活率,水一定要浇透、保持土壤湿润。采用地膜覆盖能提高地温,保持水分,定植苗木的效果也非常好。若土壤偏黏、pH 值高,土壤瘠薄,可结合土壤改良,将定植沟或定植穴挖深 30～40 厘米,在定植时对穴中的土壤进行下层填充,可在定植穴中掺入出过耳的地摆黑木耳的废菌料,掺入杀菌剂及防地下害虫药剂的混拌物,上面盖 5 厘米左右厚的土,以免未腐熟的植物残体和苗木根系接触。也可在沟穴土壤的下层预施少量农家肥或无机肥作基肥,并将肥料与土充分混合,上面同样盖一层土,然后定植苗木。下层施肥有利于根系向纵深方向生长。

(三)定植株行距

蓝莓定植时应根据蓝莓品种、树势强弱、树体大小、根状茎窜生行走情况而定,以使蓝莓树体获得充足的营养和生长空间,光照充足,通风良好,有利于花芽分化。树体高大、树势强的品种栽植密度要小;树体小、树势弱的品种栽培密度要大。土壤较肥沃,可适当降低密度;土壤较贫瘠,可适当加大密度。一般半高丛蓝莓株行距常用 1 米×2 米或 1.5 米×2 米;矮丛蓝莓株行距 0.8 米×1.5 米,山地 0.5 米×1.5 米。可等行等穴,也可大小行等株栽植,定植蓝莓株行距一定要考虑地摆黑木耳的栽培形式,一定要做到科学合理地使蓝莓和黑木耳同时高产高效。

(四)授粉树配置

半高丛蓝莓和矮丛蓝莓能自花结果,但配置授粉树可提高坐果率,增加单果重量,提高果实品质和产量。授粉树可选择花期一致、物候期相近、地域相同的品种进行配置,如半高丛蓝莓的北陆和北村、圣云等品种配置,矮丛蓝莓的美登和芝妮、芬蒂等品种进行配置,均可互为授粉。配置方式采用主栽品种与授粉品种1∶1或2∶1比例栽植。1∶1式即主栽品种与授粉品种每隔1行或2行等量栽植;2∶1式即主栽品种每隔2行定植1行授粉树。建园时栽培品种最好是2个品种搭配,定植美登时搭配北村比例为3∶1或5∶1。蓝莓进入花期养蜂可以明显提高产量和果实品质,一般1 334米^2(2亩)蓝莓养1~2箱蜂就可以。

六、施 肥

蓝莓是对肥料比较敏感的植物,施肥过多会由于土壤盐基浓度过高而伤害根系,造成植株死亡。肥料种类有两种,一是以农家肥为主的有机肥,二是化肥。化肥以硫酸钾型的复合肥为好,切忌氯化钾型复合肥。追肥可以用硫酸铵及磷酸二铵,其中硫酸铵还可以降低土壤 pH 值。

蓝莓对肥料的需求量相对比其他果树较低,在土壤较肥沃、有机质含量高的情况下,一般就不用施肥或少施肥,或根据土壤分析及叶片分析结果追施所缺少的某些元素。如土壤贫瘠,则需施有机肥和氮、磷、钾等矿质肥料。施肥必须在整地或挖穴时进行,不需要追肥。

(一)施肥种类

施用复合肥料比单一肥料可提高产量 40%。因为蓝莓对氮、磷、钾需求较多,而土壤中这 3 种元素有效含量较少,需通过施肥来满足蓝莓的需要。氮、磷、钾比例大多趋向于 1:1:1。在有机质含量高的土壤上,氮肥用量减少,氮磷钾比例以 1:2:3 为宜;而在矿质土壤上,磷、钾含量高,氮、磷、钾比例以 1:1:1 或 2:1:1 为宜。蓝莓不易吸收硝态氮,并且硝态氮还不利于蓝莓生长。因此,蓝莓以施硫酸铵等铵态氮肥为佳。硫酸铵还有降低土壤 pH 值的作用,在 pH 值较高的沙质和钙质土壤上尤其适用。另外,蓝莓对氯很敏感,极易因氯过量中毒,因此选择肥料种类时不要选用含氯的肥料,如氯化铵、氯化钾等肥料。

（二）方法和时期

半高丛蓝莓可采用穴施，深度以 10～15 厘米为宜。矮丛蓝莓成园后连成片，以沟施为主。土壤施肥时期一般是在早春萌芽前进行，不影响地摆黑木耳栽培。植物体内营养元素含量缺乏时以叶面喷洒为主，如果在晴天中午实行上方叶面喷洒追肥时，要严格控制肥液浓度。

（三）施 肥 量

蓝莓过量施肥极易造成树体伤害甚至整株死亡。因此，施肥量的确定要慎重，应视土壤肥力及树体营养状况而定。通过叶分析技术和土壤分析技术在生产中的广泛应用，对果园树体营养盈亏做出判断，制定施肥方案，从而避免施肥的盲目性。

栽植后第一年，施用化肥不当会造成植株枯死。可用有机肥和硫酸钾型复合肥。3～4 月份栽植后可施用农家肥每株可施 250～450 克或硫酸钾型复合肥 25 克于土壤表面，距离蓝莓根部 15 厘米处挖穴施入，结合地表覆盖压在覆盖物下面 10 厘米。

栽植后翌年，施肥量是种植后第一年的 1～2 倍。当年可施肥 2 次，第一次在春季发芽后的 4 月，每株施农家肥 1 千克，或硫酸钾型复合肥 50 克，距离树木根部 20 厘米以外环状施入,因为地上有地摆黑木耳基本没有杂草生长,翌年后会有杂草生长要及时除掉,特别注意在杂草结实前除掉,不能用除草剂。没有覆盖的作业道会生出很多杂草,要及时除掉。国外一些地方采用的"生草法"可以应用到作业道上,即在作业道上播种一些草坪用的草种,然后定期修剪,剪掉的部分可以铺在栽植床上用于地表覆盖。没有地表覆盖的地块由于蓝莓的根系比较浅,离地表很近,中耕除草会伤及根系,除草的深度不要超过3厘米。杂草一定要在小的时候清除,长成大草拔出时容易伤及树木的根系。

七、蓝莓园的水分管理

水是蓝莓树体内含量最多的物质,水存在于果树的各个部分,它是蓝莓树健壮生长、丰产稳产、优质的重要基础。它参与蓝莓树各器官的形成,蓝莓果实含水量为85%。因此,蓝莓园水分状况与产量、品质有密切的关系。

蓝莓树对水分比较敏感,当土壤含水量30%～45%时生长最好,当土壤持水量降低到25%以下时,对果树发育、新梢生长、花芽形成都不利,并使果实变小、品质下降。所以,要使蓝莓树生长良好,保证高产、稳产、优质,必须在各生育期保证水分的充分供应。

蓝莓树灌水时期、次数和灌水量,主要取决于土壤湿度、蓝莓树不同生育时期的需水情况、降雨多少,以及蓝莓树龄、光照强度等因素。

(一)灌水时期

蓝莓树喜欢潮湿的土壤,新梢生长期与种胚形成期需补足水分,如果此时期缺水,则新梢生长不良,养分积累不足,易引起落果和果实膨大。南方6~8月份正值雨季,对早、中熟品种一般不需灌溉,但晚熟品种果实肥大正值夏季干旱季节,需适当灌水。北方多春旱,特别是春夏之交的5~6月份常久旱无雨,而降雨多集中在7~8月份,蓝莓园灌水主要在春季和初夏。重点应在以下几个生育期灌水。

1. 萌芽期 为保证蓝莓树萌芽、开花、展叶和早春新梢生长,扩大叶面积,提高坐果率,要进行土壤灌水,要灌足灌透。但次数宜少,以免降低地温,影响根系迅速生长。

2. 花期 该时期是蓝莓树需水临界期,对水分敏感,缺水或水分过多都易引起落花,此期灌水量要适中,不宜灌大量的水,尤其对花期后初果期树更应慎重。

3. 果实生长期 此期正值北方的雨季,灌水视降雨情况而定。若此期土壤干旱可适当轻灌，能使果实生长良好，果大小均匀一致、品质好。

4. 落叶后　北方蓝莓园秋季干旱，在落叶后、土壤结冻前，灌一次越冬水，有利于蓝莓树体养分的积累，对翌年生长结果有利。如果秋雨过多就不要灌水了。

（二）灌水方法

灌水方法，会直接影响蓝莓的产量。灌水方法的选择应以省水、减少土壤侵蚀、提高劳动效率以及适应当地的实际情况为标准，具体可采取下几种方法。

1. 在树冠下黑木耳床两边灌水　此法方便省工，灌水量足，有利于根系吸收，但土壤易板结、土壤结构易被破坏，肥料易流失。但用水量大，需能源较多。

2. 喷灌　是较为先进的一种方法。其优点是：便于机械化作业，省水保水，能喷均匀，与地面灌水比较可省水 $30\% \sim 50\%$，比沙地漫灌省水 $60\% \sim 70\%$；还可保土、保肥，减少土壤流失，土壤不易板结；同时，也能调节蓝莓园小气候，促使蓝莓树下的黑木耳的生长，节省劳动力；喷灌用工很少，还可与喷药、喷肥相结合，减少地面灌溉渠道，便于机械作业。

但这种方法要求有专门的设备，投资较多。

3. 滴灌　滴灌是通过滴头直接、连续地灌，把水送到果树根部或木耳的子实体上，既减少了灌水过程中水分蒸发，又避免了土壤板结，有利于土壤保持良好结构，水分状况稳定，比喷灌更省水、省工，对缓解土壤次生盐渍化有明显作用；并且能保持树体根部适宜的水分，有利于蓝莓树和地摆黑木耳的生长发育和产量的提高。据试验表明，蓝莓和黑木耳的立体栽培方法与单独蓝莓栽培和单独地摆黑木耳相比，蓝莓提高产量20%，黑木耳提高产量25%。

滴管设备每667米²（亩）投资700多元，尤其在干旱缺水的地区比较适用。滴灌系统由水泵、过滤器、压力调节阀、流量调节器、输水管道和滴头等部分组成。干管、支管、毛管直径分别为80毫米、40毫米、10毫米。干管、支管分别埋入地下100厘米和50厘米深处，毛管将出木耳床环绕一圈，每50厘米左右安装一个滴头。

滴灌次数和水量因土壤水分，要以蓝莓树需水状况而定。不需要考虑黑木耳的需水量。

（三）蓝莓园排水

蓝莓树耐湿性差，最怕水涝，轻者树势衰弱，重者死树。主要原因是土壤水分过多，土壤透气性降低，氧气不足，抑制根系呼吸，严重缺氧时可造成根系死亡，最后引起整株落叶、死亡。无论什么地区，在建蓝莓园时一定要考虑排水系统的设置。平地蓝莓园地下水位在 1 米左右以及土壤黏重雨季容易积水的蓝莓园,在建园时可采用深沟高畦或隔几行开深沟的方法,把蓝莓树种在高处,降雨时及时排出。黏重土壤如遇短期积水,过后应晾根。山坡地建蓝莓园可按等高线挖沟,每行一条排水沟。

特别注意的是沙土地蓝莓园的排水问题,一般情况下沙土渗水性强、不易积水,但在地下水位高的蓝莓园,在雨季土壤已达到饱和状态,但表面看不出来,又没有及时排水时,蓝莓树最易被淹死。

排水的方法可采用明沟或暗沟排水,暗沟不占地,不影响耕作,便于机械化施工,虽然建蓝莓园时成本高,但也必须考虑添加排水设施。

八、栽植时期与栽植技术

(一)栽植时期

春、秋两季均是栽植蓝莓树的季节。

1. 秋栽 南方地区在落叶后的晚秋(11 月间)栽植最好,此时定植必须在土壤结冻前完成。秋季定植,栽后根系在土壤中能得到一定恢复,甚至生出部分新根,苗木成活率高,翌年春天苗木发芽早,基本上没有缓苗期,因而生长快、生长势旺、生长量大,发出的新梢也都能长成长枝。主要原因是秋季地温较高,土壤墒情好,断根伤口容易愈合,有利于根系恢复。

北方地区若在秋季定植,在 10 月末至 11 月初,选阴雨天气,可以实行带叶移栽定植。带叶定植的苗木,带有部分成叶,可以进行正常的光合作用,制造和积累养分,促进根系恢复。带叶栽植应满足以下条件:就地育苗、就地移栽;起苗时少伤根、多带土、少摘叶或剪嫩梢,随挖苗随栽植;选阴雨天或雨前定植,栽后若空气干燥应经常浇水和喷水。

2. 春栽 早春土壤化冻至树苗发芽前栽植为春栽。北方地区因冬季气候干燥寒冷,多采用春植,但春植往往导致生根慢、地上部萌芽晚缓苗期长、生长量小,如遇春旱,苗木成活率受很大影响。同时,春季地表温度高于深层土温,上层根活动被促进,易造成浅根性。春栽季节短,必须抓紧时间,及时完成。

(二)栽植技术

①蓝莓苗木种植前,将蓝莓苗木根蘸一下拌有生根粉的浓稠泥浆,在种植穴的正中间,挖稍大于根系的穴,穴的大小应能使苗木根系舒展开。

②蓝莓苗木要栽植端正,栽植时边填土边摇动苗木,

在未踏实前轻提一提苗木,使根系自然舒展,保持自然生长状态,应使根系与土层密接。

③要以树干为中心,做成树干根部低,外围高的树盘,以利于浇水。灌足定根水,种植时即使下雨或土壤很湿也必须浇足定根水。然后表面覆以松土防蒸发,并盖上稻草或地膜等覆盖物。定植后半个月内应经常浇水,保持土壤湿润,直到成活。

九、整形修剪

果树的整形修剪能够调节生殖生长与营养生长平衡,解决通风透光,减少病虫害,从而实现丰产、优质、高效的目的。修剪总的原则是达到最好的产量而不是最高的产量,防止过量结果。

蓝莓修剪后往往造成产量降低,但单果重、果实品质增加,成熟期提早,商品价值增加。蓝莓为多年丛生灌木,对它的整形修剪与大果型果树不同。不同品种的蓝莓修剪方法也有差异,要区别对待。

修剪程度应以果实的用途来确定,如果加工用,果实大小均可,修剪宜轻,以提高产量为主;如果是市场鲜销生食,修剪宜重,以提高商品价值为主。

(一)高丛蓝莓的修剪

①选好蓝莓的修剪时间。在气温回升稳定之后、高丛蓝莓枝条的萌芽到能清楚辨别叶芽和花芽时修剪,在花蕾膨大期前修剪完毕。

②掌握正确方法。盛果期的高丛蓝莓,按生长枝与结果枝 3:1 的比例进行调整性修剪,对结果母枝细枝修剪。

③花芽多的大龄高丛蓝莓,应掌握疏弱留强,更新衰老和过密枝组,适当短截中长果枝,剪掉树冠外围上部过密的交叉树枝及废、弱枝条。

④花少的幼树要尽量多留花芽,剪掉过密的营养枝,幼树骨干枝,除正常的修剪外,其他各枝可以不剪。

(二)矮丛蓝莓的修剪

1. 烧剪 即在休眠期将地上部分全部烧掉,重新萌发新枝,当年形成花芽,翌年开花结果。以后每 2 年剪 1 次,始终维持壮树、壮枝结果。烧剪时需注意 2 个问题,一是要防止火灾,在林区栽培蓝莓时不宜采用此法;二是将一个果园划分为 2 片,一片烧剪,另一片不烧剪,轮回进行,保证每年都有产量。

2. 平茬修剪 于早春萌芽前,从植株基部将地上部分平茬,全部锯掉,锯下的枝条保留在果园内,可起到土壤覆盖作用,而且腐烂分解后可提高土壤有机质含量,改善土壤结构,有利于根系和根状茎生长。平茬修剪时可采取隔行隔垄修剪,轮回进行,利于花芽分化,保证每年都有稳定的产量。

(三)半高丛蓝莓的修剪

1. 幼树期修剪 此期主要是保持地上部和地下部的平衡,促进树冠尽早形成。以去花芽为主,增加枝量,促进根系发育。定植后第二、第三年春疏除弱小枝条,第三、第四年仍以扩大树冠为主,但可适量结果。一般第三年株产应控制在1千克以下,以壮枝结果为主。

2. 成龄树修剪 主要任务是调节当年结果与翌年的结果潜力。此时修剪着眼于收获的质与量,改善光照条件,以疏枝为主,疏除过密枝、细弱枝、病虫枝以及根蘖。树势较开张品种疏枝时去弱留强;直立品种去中心干,开天窗,留中等枝。大枝结果最佳结果树龄为5~6年生,超过要及时回缩更新。弱小枝抹除花芽,使其转壮。成年树花量大,要剪去一部分花芽,一般每个壮枝留2~3个花芽。

3. 老树更新 定植25年左右,树体地上部分已衰老,需要全树更新,即紧贴地面将地上部分全部锯除,由基部重新萌发新枝,进行树势的更新复壮。

十、除 草

蓝莓园除草是果园管理中的重要一环,除草果园比不除草果园产量可提高 1 倍以上。人工除草费用高,土壤耕作又容易伤害根系和树体,最有效的措施是定植前用除草剂杀灭杂草。因此,化学除草剂在蓝莓栽培中应用广泛。尤其是矮丛蓝莓,果园形成后由于根状茎窜生行走,整个果园连成一片,无法进行人工除草,必须使用除草剂,采用人工除草与化学除草相结合,除早、除小、除了。

蓝莓园中应用化学除草剂有许多问题:一是土壤中过高含量的有机质会钝化除草剂,二是过于湿润的土壤使用除草剂的时间不定,三是筑床栽培时,床沟及床面应用除草剂很难控制均匀。因此在建园初期也可用人工浅耕进行除草,不仅可以避免除草剂的危害,还有利于土壤透气和根系生长。

除草剂的使用应注意用药时间、用药方法,应尽可能均匀一致,可以采用人工喷施和机械喷施。喷施时,压低喷头,喷于地面,尽量避免喷到树体上。至今为止,尚无一种对蓝莓无害的有效除草剂,因此,除草剂的有效使用应严格按照药剂厂方说明书。

(一)氯苯氨灵

使用剂量为 6.7 千克/公顷,应用时间为春季萌芽前和秋季,用于控制一年生杂草,春季施用对控制菟丝子和荞麦有效。但对一年生阔叶杂草无效,使用时需与其他除草剂配合使用。

(二)2,6-二氯苯

应用剂量为 4.5～6.7 千克/公顷,从 11 月中旬至 3 月初对一些多年生杂草地和冬天一年生杂草有效,但 6 月份以后失去作用,需用敌草隆、西马津作为补充。

(三)百 草 枯

为接触型除杂草剂,用于多年生杂草控制。它对蓝莓也产生伤害,因此应尽量避免喷洒到 1～2 年生的枝条上。应用 4% 颗粒 112～168 千克/公顷,春季萌芽前应用。百草枯不能阻止杂草种子的萌发,所以在施用时应与西马津、敌草隆等配合使用。

十一、疏花疏果和保花保果

疏花疏果和保花保果是对花量过大、坐果过多、树体负担过重的树所采取的技术措施,控制坐果数量,使树体合理负担,可促进花芽分化,连年高产稳产,同时可增大果个,提高产量和品质,促进树势健壮,增强抗性,延长结果寿命。疏花疏果的时间越早越好,蓝莓花与坐果习性不需要疏花,但对花量极大和坐果率高有直接关系。不让花和果等都落了,一般可用激素或营养剂,激素有如 2,4-D、防落素等,营养剂一般用磷酸二氢钾、氨基酸、腐殖酸、硼砂等,处理花期的花朵和幼果期的幼果。

十二、越冬管理

我国山东、河南以南的地区栽种北高丛蓝莓一般不需要防寒。东北地区以及其他寒冷地区需要防寒。越冬防寒的方法有埋土法、冷棚法、套袋法等。尽管蓝莓中的矮丛蓝莓和半高丛蓝莓抗寒力较强,但由于各地不适宜的低温,仍有冻害发生,其中最主要的两个冻害是越冬抽条和花芽冻害。在特殊的年份可将地上部全部冻死。蓝莓越冬过程中发生抽条现象主要是由于早春天气干燥,风大且持续时间长,造成土壤水分冻结或者地温过低,根系不能正常吸水,但是地上部分的蒸腾量又较大,造成失水过多,从而导致抽条现象的发生。因此,在寒冷地区蓝莓栽培,越冬保护也是提高产量的重要措施。

(一)栽培措施防护

1. 水肥管理 栽后的 2～3 年间,枝条生长的前期,要合理施肥灌水。采用前促后控法,在生长前期以氮肥为主、磷肥为辅进行追肥,并需要浇水,促使春梢迅速健壮生长。7 月份以后停止施用氮肥,相应增加磷肥、钾肥的用量,并控制水分,促进枝条木质化,利于花芽分化。

2. 灌封冻水 在上冻前灌水,有利于滋润根系,增加土温,缓解冻害。但 1～3 年生幼树冬灌应早,在秋末冬初白天融化、夜晚结冰时进行,过晚冬季地温低,升温慢,抽条反而加重。

3. 营造防风林带 改善蓝莓果园的小气候,减轻越冬风大天气,减少蓝莓树条水分挥发。

4. 喷施激素 在秋初喷施多效唑,能提高植株根、茎、叶的碳水化合物含量并且影响植物胆固醇的合成及降低保合态脂肪酸的合成,从而影响膜的透性,增加耐寒力。一般在黑木耳采收后,8～9 月份喷施多效唑,使用 0.5% 磷酸二氢钾溶液,浓度为 1 000 倍液喷施。促进花芽分化和枝条木质化。

(二)埋土越冬

11 月上旬,将栽植床的枝条压倒,覆盖 5～15 厘米厚的土将枝条盖住即可。春季避开抽条发生期后,在萌芽前扒开土堆,扶直树干,这种方法可有效防止早春树体水分的散失,目前是东北冬季降雪量少的蓝莓栽培地区主要采取的越冬方法。半高丛蓝莓的树体比较高大,枝条比较硬,在防寒时为防止枝条被折断,首先在植株一侧的基部放置填满土,再将植株向同一方向慢慢压倒,用土固定住,然后覆盖 10 厘米厚的土盖实盖严,既防风又防寒。

(三)人工堆雪防寒

在鸡西地区,冬季雪大而厚,冬季可以利用此天然优势进行人工堆雪,来确保树体安全越冬。与其他方法如盖树叶、覆草相比,堆雪防寒具有取材方便、省工省时、费用少等特点,而且堆雪后可以保持树体水分充足,使蓝莓产量比不防寒大大提高,与盖树叶、覆草相比产量也明显提高。覆盖厚度以树体高度 2/3 为宜,适宜厚度为 10 厘米左右。

(四)树体覆盖

采用废旧的塑料大棚膜、编织袋或者草袋片从枝条的基部到梢部将各个枝条逐个包扎,在春季萌芽前解开。或者树体多层覆盖废旧的塑料大棚膜、玉米秸秆、稻草、树叶、麻袋片、草袋片、编织袋等都可起到越冬保护的作用。

第五章　黑木耳的生产设备

一、制种场地

在制种的过程中，必须是流水作业，才能提高生产效率，应具有原料及附属原材料车间、培养基配制车间、拌料车间、装瓶或装袋等车间。

制种场地的环境要求：首先要地势较高、干燥、地面平坦、通风良好、排水便利，这样的场地有利于控制杂菌，并能有效避免涝灾和减少病虫害的污染。其次要远离一切产生虫源(禽畜场、垃圾站等)及化学污染物等(化工厂、印染厂、制革、皮毛厂等)的场所，这样在黑木耳的生产过程中尽量避免化学污染并减少杀虫剂的使用，确保产品按无公害黑木耳生产技术规程执行。

二、拌料室及拌料机

(一)拌料室

在食用菌生产过程中，无论生产什么菌种，或生产多少菌种,必须有拌料室,地面必须是水泥地面,还应有一定的摊晒、闷堆、堆积的地方。

厂区拌料室设施选择与建造:要按照黑木耳的生长发育不同时期所需的条件要求,灵活建造,不拘一格,不必死搬硬套,按生产操作方法、工艺流程合理就可以。

制种设施可分为制种室与养菌室 2 个工作室,既可以是正常建筑也可以是简易房,但是 2 个房间要相通,这样便于生产,简易房可以是露天封闭式与露天开放式 2 种,只要是对原料的堆放、闷堆、装瓶及装袋、灭菌等操作方便就可以。另外,简易日光蔬菜棚、冬暖式日光温室等也都可以做拌料室。

厂区拌料室设施建造场所没有严格要求,因为拌料室对土质没有特殊要求,房前、屋后、农田地、林间地、荒地、盐碱地等均可。生产者可根据自己的实际情况、栽培季节及场地内的温湿度变化情况等,本着"经济、方便、有效"的原则,因地制宜,自主选择。同时要注意创造黑木耳菌丝生长发育的环境条件为原则。主要是温度、空气湿度和光线为基础,达到生产方便,力求生产流水作业不误工。

(二)拌料机

新型拌料机(图 5-1)是国家专利,专利号为

ZL201120045766.3,采用自动搅拌、自动加水和自动测水仪,特别适合各种食用菌拌料使用。该拌料机设计合理,安全实用,使用方便,拌料均匀,拌料含水分准确。

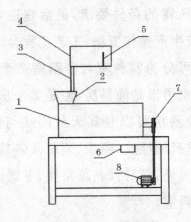

图 5-1 食用菌拌料机

1. 拌料桶 2. 人料漏斗 3. 进水管 4. 水箱

5. 自动测水仪 6. 下料口 7. 传动轮 8. 电动机

三、装袋室及装袋机

(一)装袋室

地面必须是水泥地面。装袋室的温度过低,塑料袋受冻易发脆折裂造成破损和漏气,因此装袋室温度不应低于18℃。装袋前可将袋放在锅内或其他温度高的地方预热一下,千万不要将袋放在室外气温低的仓库里,生产时移到室内较短时间内使用,袋易脆裂,破损率高。

装袋场地和贮放工具的检查:要在光滑干净的水泥地面上或垫有橡胶制品、塑料布等物上进行装袋,贮放工具是直接放入灭菌锅的灭菌筐,用细钢筋或木板条制作,规格为长 44 厘米、宽 33 厘米、高 26 厘米(内径),每筐(或箱)放 12 袋。

(二)装 袋 机

装袋机(图 5-2)是国家发明专利,专利号为ZL201120049204.6,结构简单,设计合理,使用方便,工作时一次完成装袋打通氧孔工作,而且装袋松紧适度,装袋

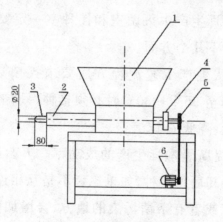

图 5-2　食用菌装袋机

1. 入料口　2. 螺旋出料口　3. 打孔通氧探头

4. 一对齿轮　5. 三角带轮　6. 电机

速度快,减少再次打通氧孔的工序和时间。可适用于各种食用菌的装袋生产。技术方案为:该食用菌装袋机包括入料口、螺旋出料口、打孔通氧探头、一对齿轮、三角带轮、电机,所述的装袋机螺旋出料口前部设有打孔通氧探头。

四、灭菌室与灭菌设备

灭菌是通过高温的方法杀死全部微生物,目前国内常用的方法分高压灭菌和常压灭菌 2 种。

(一)灭 菌 室

在黑木耳生产中灭菌室和接种室一定要互相连接,其原因有如下几个方面。

第一,从生产工艺流程方面要求灭菌后的菌种瓶(袋)温度降至 25℃～30℃时必须接种,只有互相连接才能节省搬运、降低成本。

第二,提高黑木耳生产的成功率。灭菌后的菌种瓶(袋)需要冷却后再接种,如果二者不是互相连接,由于运输经过冷凉或者有杂菌污染的地方,会增加菌瓶(袋)感染杂菌的概率,降低生产成功率。

第三,便于生产流水作业。只有按照生产工艺流程进行生产,才能有利于生产者操作,并且有利于生产智能化,实现复杂问题简单化,真正做到节能降耗、提高生产效率。

(二)灭菌设备

1. 高压灭菌　使用高压锅或灭菌柜等容器。高压锅在使用前应先检查压力表、放气阀、安全阀、胶圈等是否正常,临用前将锅内加足水、放上帘子,装完锅后,将锅盖盖严,所有的螺丝对角拧紧。当压力升至 0.5 千克/厘米^2 时,慢慢打开放气阀,徐徐放气(禁忌放气太急使内外压力差距过大,而使锅内的袋破裂);当指针压力降至 0,关上放气阀,继续加热;待指针达到 1.2 千克/厘米^2 压力时维持 2 小时,然后停火;待指针降至 0 后,打开放气阀,将锅盖掀开 1/3,让锅内余热将袋口及棉塞烘干。

2. 常压灭菌　目前,农村大部分使用的是常压锅,它成本低,取材方便,可大可小。常压锅可用砖、水泥砌成,也可用砖,水泥砌好锅台后,直接用大棚塑料做成方桶状,将装筐的袋摞在锅台上,将塑料桶套在筐上,上口窝回扎紧,下口用布圈装上锯末压实。这种常压锅既省钱,灭菌升温又快,易于推广。

常压灭菌锅的温度一般可达到 100℃～108℃,灭菌时间以袋内温度达到 100℃时,持续 6 小时左右,然后闷锅 1～2 小时,趁锅内温度在 90℃左右,撤掉余火,锅壁还有余热时,将锅盖打开 1/3,用锅内余热将菌袋口及棉塞烘干。

常压灭菌目前有些人认为时间越长越好,把时间延长至 8～12 小时,而实际上维持 100℃、5 小时微生物就会全部死亡。灭菌时间过长一是失去了灭菌的意义,二是培养基中维生素等营养成分被分解破坏,三是提高了灭菌的成本。灭菌是以达到杀死培养基内活菌为目的,灭菌时间越长,培养基营养消耗越严重,抗杂菌性能也越差。

常压灭菌到时间后,不要长时间闷锅。目前有相当一部分地区在灭菌达到时间后,还要闷锅一宿,这样锅内大量水蒸气落到棉塞上(因锅盖盖着,潮气不能挥发),出锅时棉塞是湿的,这是袋栽或塑料袋制菌产生杂菌的一个重要原因。棉塞湿而不透气,影响菌丝生长,易吸尘,遇热干燥收缩,外界空气不经棉塞过滤直接进入袋内,造成杂菌感染。

五、接种室和接种设备

(一)接 种 室

接种室要求是按每次接种效果适当的扩大,一般以 4～6 米^2 为宜,为防止开关门时空气直接进入接种室,接种室宜安装推拉门,设置缓冲间,室内装紫外线灯杀菌。

接种前30分钟开亮紫外线灯,接种时关闭,用来苏儿或新洁尔灭液喷雾消毒后,在酒精灯工作台上接种。

(二)接种设备

1. 净化工作台 分单面和双面2种,用净化工作台接种解除了药物及蒸汽对接种人员的熏染,提高了接种效果,但净化工作台购置较贵,而且使用的地方必须有电,它通常采用封闭式结构,过滤室除菌,台面上的空气既无菌又凉快,便于干热接种。

2. 电炉 用800～1 000瓦的电炉,炉盘上罩上罩(可用市场上出售的小筛底代替),防止菌块掉到炉盘上,炉上面放上木架,放置二级菌种,通过炉盘干热,形成无菌区接种。

3. 接种机 近年来经多次反复试验,研制出食用菌接种机,它既可用作食用菌接种,又可用作培养室净化。使用接种机接种,大大提高了接种效率,比接种箱接种提高工效8倍以上,一、二、三级菌种及组织分离都很适用,并且使接种人员免受化学药剂的危害;同时,对食用菌菌丝也减少了药物的刺激,菌丝活力强,种性稳定。

用这种设备接的种,因菌丝不受化学药剂的杀伤和酒精灯火焰的熏杀,菌丝吃料早,定植快。

采用接种机接种,要求在密闭的接种室内,将接种机放在普通桌面上。室内喷新洁尔灭 5‰溶液降尘净化,然后打开接种机,在机前 20～30 厘米接一、二、三级种。接种方法很多,原理是使接种过程中和接种时的环境处于无活菌状态,既要保证原灭菌的培养基不致感染,又要保证被接种的菌种成活,防止药物、温度等外因条件杀伤或杀死菌种。

4. 无菌台式酒精灯 国家专利无菌台式酒精灯(图 5-3),专利号为 ZL201120034780.3,设计合理,安全实用,使用方便,无菌操作率达到 99‰以上。两个灯颈之间设有工作台特别适合食用菌接种。

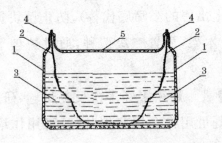

图 5-3 无菌台式酒精灯
1. 灯体 2. 灯芯 3. 酒精 4. 灯颈 5. 工作台

5. 食用菌接菌器 一种无菌接菌器(图 5-4),专利号为 ZL201120037357.9,它包括绝缘手柄、电线孔、加热棒、橡胶圈、加热源空隙。在操作时是无菌状态,接菌温度在最佳温度之间,长菌快、吃料早,结构简单,设计合理,使用方便,使用时接菌温度及无菌率十分合理,杂菌率为零,降低了生产成本。可适用于各种食用菌的接菌。

6. 菌袋划口器　一种食用菌袋划口器(图5-5),专利号为 ZL201120096704.5,结构简单,设计合理,使用方便,球口头内设有可调的划口刀。割眼速度快,长度和深度既合理又准确。

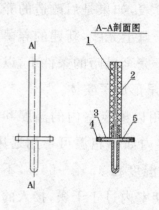

图5-4　食用菌接菌器

1.绝缘手柄　2.电线孔　3.加热棒

4.橡胶圈　5.加热源空隙

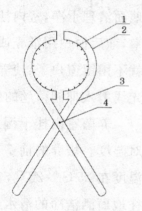

图5-5　菌袋划口器

1.划口刀　2.球口头

3.手柄　4.中心轴

六、养菌室及养菌设备

(一)养菌室

养菌室的面积按实际生产量决定,应具备增温、保温、保湿、通风的条件。原先室内有养菌架子的，因陋就简还可继续使用架子。如没有搭架子以后尽量不要搭架子。搭架子一是成本高；二是袋与袋在架子上摆放要间隔1厘米左右，便于通风，防止捂垛超温、菌丝死亡。摆放取拿和检查菌种不方便；三是清理培养室和消毒不方便。养菌室在袋放入前应消毒处理，墙壁刷生石灰消毒，地面清理干净，室内挂干湿温度表，如果是后改造的养菌室，前后窗户用纸壳或厚布帘子遮上光线，新建的养菌室就不用留窗户了，使养菌室处于完全黑暗的条件下，以免光线射入抑制菌丝的生长或过早形成子实体。

养菌室内挂干湿温度表，用以测定室内的温度和相对湿度。培养的前7～10天室内如不超温可不用通风，温度在25℃～28℃，空气相对湿度在45％～60％，不足往地面洒洁净的清水（如养菌期室内过于干燥，接入的菌种在袋内发干，不易萌发）。

（二）养菌设备

养菌是地栽黑木耳的基础工作，黑木耳生长主要有两个阶段：一是菌丝生长阶段；二是子实体生长阶段。养菌阶段就是菌丝生长阶段，只有菌丝生长得好，才能为子实体的生长打下基础。养菌室应具备增温、保温、保湿、通风等设备。

如果工厂化生产，可以用中央空调系统进行调控温度，具有增温快、恒温温度控制准确等优点。选用空调系统都是按黑木耳生长所需的最大制冷量来选取机型的，且留有10％～15％的余量，各配套系统按最大负载量配置，这种选择不是最合理的。在组成空调系统的各种设备中，水泵所消耗的电能约占整个空调系统的1/4左右。早期空调的水泵普遍采用额定流量工作。而实际运行时，中央空调的冷负荷总是在不断变化的，冷负荷变化时所需的冷媒水、冷却水的流量也不同，冷负荷大时所需的冷媒水、冷却水的流量也大，反之亦然。同时，具有加湿器十大技术优势，净化加湿技术优点：加湿无白粉、粗效过滤空气，一机两用，是最新一代的加湿器，斜喷式换能片噪声小。可以按预想的温度、湿度控制，同时也具备排风换气设施。

通风机是养菌的必需设备，用通风机通风，操作简单，通风快速均匀，养菌室无死角，使所有的养菌室各个角落空气新鲜，有足够的二氧化碳流通，菌丝生长均匀有活力。

如果是小规模生产可以在室内砌一个地火龙，需要升高温度时烧地火龙增温，前两周每天通风30分钟，第三周以后每天早晚各通风30分钟，地面要保持湿润。

第六章 黑木耳二级菌种制作技术

黑木耳二级菌种的制作,是黑木耳生产十分关键的环节,尤其原材料、一级菌种质量、培养基的碳氮比和 pH 值,具体要求如下。

一、原材料准备及质量要求

(一)木 屑

要求无杂质、无霉变、以阔叶硬杂树为主。最好是圆盘锯末,如果是带锯锯末过细,可适当添加玉米芯(粉碎)进行调整粗细度。如果是木屑 80％加细锯末 20％,一定要区分开锯末和木屑,生产二级菌最好不用木屑。

(二)麦麸、稻糠、豆饼粉

麦麸、稻糠、豆饼粉要求新鲜无霉变,麦麸以大片的为好。一定要注意麦麸含氮量 3.33％;稻糠含氮量 2.21％。

（三）石膏、红糖

所用的石膏选择建筑用石膏即可，可以到建材商店购买，所购买的石膏粉颜色通常为白色，结晶体无色透明，当成分不纯时可呈现灰色等。红糖用食用红糖即可，到食品商店购买就可以。红糖所含有的葡萄糖释放能量快，吸收利用率高，可以快速补充碳元素。

（四）塑料袋或葡萄糖注射液瓶

生产黑木耳二级菌有塑料袋和葡萄糖注射液瓶 2 种。黑色塑料袋是高压聚丙烯袋，其优点是透明度强，耐高温，121℃不熔化、不变形，方便检查袋内杂菌污染；其缺点是冬季装袋较脆，破损率高。一种是低压聚乙烯黑色塑料袋，其优点是有一定的韧性和回缩力，装袋时破损率低；缺点是透明度差，检查杂菌时不易发现；该袋不耐高温，只适合常压 100℃灭菌生产。总之，无论哪种袋，要求每个袋重量都必须在 4 克以上为好。塑料袋太薄，装袋灭菌后就会变形；规格以 16.5 厘米×33 厘米、17 厘米×33 厘米为宜。葡萄糖注射液瓶到医院或诊所收购就行，使用时启开盖，用水冲刷一遍就行。

(五)双套环(无棉盖体)

无棉盖体分 2 种,一种是用纯原料生产的,一种是用再生料生产的。再生料生产的价格便宜。规格有上盖直径 3 厘米和 2.8 厘米 2 种。购买 2.8 厘米规格的比较适合,塞葡萄糖注射液瓶口的棉花要求普通的棉花就可以。

(六)药 品

消毒类药品常用的有:甲醛、来苏儿、硫黄、高锰酸钾、熏蒸消毒剂、漂白粉、过氧乙酸、新洁尔灭、酒精、多菌灵、克霉灵、绿霉净、石灰等。病虫害防治药品常用的有:甲基托布津、多菌灵、治霉灵、链孢霉、一熏净等。

二、二级菌种配方

锯末 81%,麦麸 15%,黄豆粉 2%,石膏 1%,红糖 1%。

三、配 料

先将 81%锯末称好;再将 15%麦麸或稻糠、2%黄豆粉或豆饼粉、1%石膏干拌拌匀;再把 1%红糖溶解在 5 升水中,将溶解的红糖水与麦麸、黄豆粉、石膏先干拌的混合物拌匀,拌匀后闷堆 30 分钟后,再与 81％锯末掺和在一起干拌拌匀,拌匀后加水翻 3～4 遍搅拌均匀,使含水量达到 65％,用测水仪的指针扎入锯末,看表盘指针读数到 65 即可。用土法测,手紧握料,在手指间有水珠渗出稍滴水为宜。

四、装 瓶

将拌好的料闷堆 1～2 小时后再测一下水分,如还是 60％～65％即可直接装瓶,用黑白铁制作能坐在葡萄糖注射液瓶子上的漏斗,将拌完的料用自制的 6 分盘圆钩将拌完的料装入瓶中。地面放一块木板或橡胶制品边装边敦瓶,装满后用自制的 6 分盘圆钩将瓶口下方压成平面,料的平面距瓶口 3～5 厘米,然后再用 1 厘米的木棍从瓶口中央到瓶底打个孔。再准备一盆清水将装好的葡萄糖注射液瓶子用手以 45°的角度把瓶口(料面一下)放入水盆中转一圈,这样就把瓶口沾的料涮干净了,再塞好棉塞。在生产过程中,当天拌好的料必须当天装瓶、当天灭菌。

五、灭　菌

将装好的葡萄糖注射液瓶子放在常压或高压灭菌锅里灭菌,在 15 千克/厘米² 的压力下保持 1.5～2 小时,待压力表降至零时,将锅盖打开 1/3,用锅内余热将瓶口及棉塞烘干。30 分钟后将葡萄糖注射液瓶子趁热取出,立即放在接种箱或接种室内。若用常压灭菌灶灭菌,保持6～8 小时,将锅盖打开 1/2,用锅内余热将瓶口及棉塞烘干。20 分钟后将葡萄糖注射液瓶子趁热取出,放进接菌室,在温度降至 25℃时,才能接菌。

六、接　菌

接种时一定要按无菌操作进行,提高成品率,灭菌后出锅降温至 30℃ 以下的瓶可以接种,最佳接菌温度为25℃～30℃。目前接种方法很多,可根据具体情况和条件而定。接种时要注意,连续接种不要时间太长,以免箱内温度过高;一个试管一级菌种接葡萄糖注射液瓶 10瓶,先将试管一级菌种在无菌台式酒精灯前拔下棉塞,再将试管里的一级菌种分成 10 等份,把每份移接到灭菌的葡萄糖注射液瓶子里,一定注意一级菌种不能贴在瓶壁上,立即塞上棉塞缩短接种时间,不给杂菌侵入的机会。

七、养　菌

在菌丝培养的全过程中,要创造使菌丝体健壮生长,又能控制黑木耳子实体正常发育的条件,其中温度是最重要的因素。培养室的第一周温度为 18℃~25℃,最适温度为 18℃~23℃,由于瓶内培养料温度往往高于室温 2℃~3℃,所以培养室的温度不宜超过 25℃。特别在第二周,若温度超过 25℃,中午必须通风,否则在袋内会出现黄水,水色由浅变深,并由稀变黏,这种黏液的产生,容易促使霉菌感染。培养室的空气相对湿度为 50%~70%,如果湿度太低培养料水分损失多,培养料干燥,对菌丝生长不利,空气相对湿度超过 70%,棉塞上会长杂菌。光线能诱导菌丝体扭结形成原基。为了控制培养菌丝阶段不形成子实体原基,培养室应保持黑暗或极弱的光照强度。培养室内四周撒一些生石灰,使之呈碱性环境,以减少霉菌繁殖的机会。瓶堆积在地面上培养菌丝时,要经常翻动,调换瓶子的位置。在检查杂菌时,一定要轻拿轻放,发现杂菌应及时取出,另放在温度较低的地方继续观察。30 天基本就长好了,35 天就可以接种栽培袋了。

第七章 塑料袋地摆黑木耳栽培技术

塑料袋地摆黑木耳栽培技术是一种田园化栽培技术。该技术栽培需要菌种、锯末、玉米芯、秸秆、麦麸、豆饼粉、生石膏、石灰、塑料袋、无棉盖、颈圈、草帘等原材料，利用塑料袋盛装按科学配方合理的碳氮比及 pH 的培养基，每袋装 1 千克，配好的湿料经过灭菌、接种、养菌，摆在田间大地、果树林下出耳。

一、地栽黑木耳栽培技术的工艺流程

主料准备(锯末、玉米芯)和辅料准备(麦麸、石膏、石灰、豆饼粉、红糖等)→一级菌种购进→二级菌种的制作→栽培袋的制作→养菌→挑眼→出耳→采收。

塑料袋地摆黑木耳是三级菌种出耳:一级菌种(试管)转二级菌种 10 瓶(葡萄糖注射液瓶)，一瓶二级菌种转栽培袋 40 袋。每 667 米^2(去了工作道)地摆 12 000 袋，用一级菌种 30 支，用二级菌种 300 瓶。

二、塑料袋的选择

现在有4项国家专利产品聚乙烯或聚丙烯黑色一条或多条白色折角袋(图7-1),是生产黑木耳最理想的塑料袋,该产品专利号分别为 ZL201130133204. x、ZL201130040398. 6、ZL201130124777. 6 和 ZL20112018025. 3。该黑色的塑料袋有如下优点。

第一,保碳氮比能力强。用黑色塑料袋培养的菌种和用黑色塑料袋地栽黑木耳,因袋内温度变化平稳,碳氮比和有机质也就处于正常循环状态中。测定表明:用黑色塑料袋培养的菌种和用黑色塑料袋地栽黑木耳,袋内的培养基中的碳氮、有机质、速效钾、碱解氮等营养指标,比透明的和白色塑料袋都有不同程度的提高,提高幅度一般可达2%~17.4%。

第二,保水能力好。据试验测定,黑色塑料袋培养的菌种和黑色塑料袋地栽黑木耳,装袋后培养基含水量60%,无论在装袋后7天或装袋后30天培养基含水量变化幅度都在3%,菌丝生长优良。

第三,黑色塑料袋透光率低,辐射热透过少,所以能使袋内的培养基温度日变化幅度小。据试验测定,黑色塑料袋培养的菌种和黑色塑料袋地栽黑木耳,在菌丝生长盛期,袋温比用透明袋低 1℃~3℃。由于增温幅度小,有利于促进菌丝的正常生长,特别是对塑料袋地栽黑木耳和各种食用菌养菌期生长极为有利。

第四,提高产量。由于黑色塑料袋比透明塑料袋袋温提高慢,特别是地栽黑木耳在耳基形成期要求袋温不能高于外界温度,黑色塑料袋培养的菌种和黑色塑料袋地栽黑木耳,无论是养菌期或子实体分化期、生长期都能比透明塑料袋的提高 5~7 天。根据试验,黑色塑料袋地栽黑木耳比透明和白色塑料袋栽培时增产效果最为明显,增幅可达到 11.8%。

第五,抑制杂菌生长。采用透明和白色塑料袋,袋内温度高、杂菌率高、菌丝活力弱等是个严重问题,改用黑色塑料袋后,菌丝在黑暗条件下比散光下生长快,有节省遮光环节。测定表明,用黑色塑料袋后,20 天后菌袋几乎不见杂菌,所接种的菌种基本长满袋。

食用菌的菌丝和子实体均能在黑暗条件下形成,光线过于明亮,菌袋温度过高,促使菌柄组织纤维化,过早分化开伞,黑色塑料袋做食用菌袋是物理控制杂菌、提高生物转化率最好的方法,采用纳米生态降解黑色塑料袋做食用菌菌袋将国际先进的"氧化－生物"降解技术与纳米技术有机结合,降解过程为先通过自然界中的氧元素将地膜主要成分是聚丙烯、聚乙烯等高分子聚合物氧化断链成亲水性小分子,然后被培养基消化吸收,最终以二氧化碳、水和腐殖质的形式回归培养基,从而实现高产。

图 7-1　使用黑色塑料袋养好菌的菌袋

三、原料的选择

原料选择的好坏直接关系到培养基的质量,同时决定着地栽黑木耳的产量。当今社会,人们追求生活品质,尤其在饮食方面,讲究营养。种玉米或种黄豆讲究测土施肥,地栽黑木耳要想高产、杂菌率低,必须选适合地摆的培养基配方,培养基的碳氮比必须合理搭配。

(一)碳　源

生产中的主要原材料采用锯末、秸秆、玉米芯等,它们含有木质素、纤维素、半纤维素。锯末以阔叶硬杂木的为好,木材组织紧密、营养丰富,木质纤维素总含量82%以上。新鲜的锯末呈偏酸性,陈锯末近中性,杨、椴木锯末需加入硬杂木锯末或玉米芯以补营养不足。有些菌农陈旧发干的锯末不用,专用新鲜锯末,实际上锯末只要不发霉,用陈锯末要比新锯末菌丝长得又快又好,因为黑木耳是腐生真菌。玉米芯即整棒玉米去掉玉米粒后的芯,它含有丰富的纤维素、蛋白质、脂肪及矿物质等营养成分,使用玉米芯前要晒干,粉碎成比绿豆粒略小一点的颗粒。各种秸秆的粉碎,都不应过细,过细的料无缝隙不透气,不利于菌丝生长。

锯末有圆盘锯末和带锯末,圆盘锯末最好,若是带锯末则可加入10%的玉米芯,以改善培养基的物理通透性。锯末的颗粒直径应在1~2毫米,而且粗细应相互搭配使用,保证含水量上下均匀,以满足菌丝生长时对氧气的需要并及时排除二氧化碳。

(二)氮　源

氮源生产中常用豆饼粉、麦麸、稻糠等,它们含有氮基酸、蛋白质等。麦麸以新鲜的为好,千万不要用发霉变质的麦麸。没有麦麸的地区可用稻糠代替,适当调整比例就可以了。但要注意麦麸含氮量 3.33％,稻糠含氮量 2.21％。黄豆粉或豆饼粉一定要粉细,因它的比例小,颗粒状分布不均匀,只有粉得像细面一样,拌料时才能均匀。提高生物转化率。

(三)石　膏

石膏粉可直接到药店、粉笔厂、陶瓷厂购买,目前市场上出售的石膏粉有的是石灰,一定要注意石膏不能用石灰代替。

(四)石　灰

石灰是生石灰的俗称,主要成分是氧化钙(CaO)。含钙 29.4％;也是培养基 pH 值的决定因素,为食用菌提供钙素,控制杂菌的杀菌剂,并能把料中不易被吸收的营养转化为可被吸收的营养,也就是说它是生物的(酶)体,石灰粉(不应用白云石灰)是建筑刷干墙用的生石灰粉,它含有大量的钙离子,在栽培时它能起到增加碱值,抑制霉菌、增加子实体干重的作用。石灰可以到建材商店购买。

四、栽培袋的配方

适于地摆黑木耳栽培袋培养基的配方很多,根据多年实践总结出如下较佳配方。

①锯木屑 80%,石膏 1%,麸皮(或米糠)17%,蔗糖 1%,生石灰 1%。

②硬杂木锯末 86.5%,麦麸 10%,豆饼粉 2%,生石灰 0.5%,石膏粉 1%。

③软杂木锯末(杨、柳、椴树)41.5%,玉米芯 20%,松木锯末 20%,麦麸 15%,黄豆粉 2%,生石灰 0.5%,石膏粉 1%。

④锯末 56.5%,玉米芯 30%,麦麸 10%,豆饼粉 2%,生石灰 0.5%,石膏粉 1%。

⑤木屑 78%,麸皮 20%,石膏粉 1%,石灰 1%。

⑥玉米芯粉 59%,锯木屑(阔叶树)20%,石膏 1%,麸皮(或米糠)20%。

⑦玉米芯 30%,稻壳 15%,锯末 41.5%,麦麸 10%,豆饼粉 2%,生石灰 0.5%,石膏粉 1%。

⑧玉米芯 49%,锯末 38%,麦麸 10%,豆饼粉 2%,生石灰 1%。

⑨玉米芯 75%,锯木屑 15%,麸皮 8%,石膏粉 1%,

白糖1%。

⑩豆秸52%，锯末37%，麦麸10%，生石灰0.5%，石膏粉0.5%。

五、栽培袋的制作

（一）拌料方式与方法

在食用菌生产中拌料的方式与方法是很科学的，也是十分关键的重要环节。把配方中的各种辅料（麦麸、稻糠、白灰等）按比例干拌拌匀，把糖溶解在水中，再和培养基的辅料拌匀，然后和主料（锯末、玉米芯等）加水拌匀，使培养料含水量达65%。达到用手握培养料，有水渗出而不下滴为度，然后将料堆积起来，闷30～60分钟，使料吃透糖水加水搅拌均匀并达到要求的水分。

黑木耳生长的第一个先决条件是营养，营养主要取决于原料的质量。但是光有好的培养基原料，在拌料过程中配制比例不当或水分大小不适，就会使营养损失和比例失调，所以说培养基的质量和拌料是密不可分的。培养基比例适当、准确，拌得均匀，水分适合，利于菌丝生长。在生产中大量出现的培养基营养不均匀，同批料中pH偏高或偏低现象，往往是拌料方法不当或拌料不均匀造成的。

水分大小对培养基量和菌丝生长相当重要。水分过大,渗出培养基造成营养流失,还会因袋内积水过多且培养基缺氧而使菌丝停止生长或窒息死亡。水分过少,满足不了菌丝生长对水分的需要,造成菌丝细弱生长缓慢或停止生长。有些栽培户在水分上还掌握不准。有的袋菌丝只长到 2/3 就不往下长了,下边全是积水的料,严重地影响了产量。

黑木耳生长离不开水分,袋内菌丝生长阶段的水分就靠拌料时一次决定,不能以后加入,所以拌料时测好水分对菌丝生长是很关键的,传统的土法测定得靠实践来掌握、体会,容易出现误差。用测水仪,能准确测出培养基、耳木中的水分,迅速、方便、准确。

拌料方法目前有 2 种:一是采用机械,用拌料机拌料,迅速、均匀、准确;二是手工拌料。下面重点介绍一下手工拌料。

将辅料麦麸、石膏粉、生石灰、豆饼粉按比例放在一起,干拌均匀,再将辅料和主料锯末一起干拌,拌匀后加水翻 2~3 遍,使含水量达到 65%,用测水仪的指针扎入锯末,看表盘指针读数到 65 就可。用土法测,手握紧料,在手指间有水珠渗出而不滴下为宜。随后检测培养基的酸碱度,检测培养基的酸碱度有 2 种方法。

最简单的是用 pH 试纸。把培养基拌好后,握在手里用力挤出水滴在试纸上,试纸的颜色马上改变,然后和比色卡对照,与哪一颜色相近,这一颜色所表示的 pH 就是所要测的酸碱度。

另一种方法是用酸度计,先将酸度计在当前温度下设置好,取搅拌均匀的培养料的滤出液 20~30 毫升放入容器中至常温,温度为当前温度进行测量读数,如是固体培养基则在培养基分装前将酸度计调至培养基温度进行测量读数,用培养基的挤出水检测比较准确。用 pH 试纸测 pH 时,最好用新启用的 pH 试纸,如果 pH 试纸存放时间过长,空气中的水分子和试纸发生反应,测试时误差就会增大。

从直观理解食用菌的培养基的酸碱度就是 pH,其实不是那么简单的,pH 是保证菌丝体新陈代谢的重要因素,白灰主要成分是氧化钙,加水即成氢氧化钙,二者为碱性物质,具有杀菌、调节培养基 pH 的作用。在原种生产过程中,拌料所用的水呈中性或偏酸,pH 在 6 以下时,要适量加些白灰,将水调至中性,在高温季节制种,也可适当加白灰来缓冲培养基中的 pH,控制培养基酸化,抑制杂菌的产生,降低杂菌率。食用菌生长发育需要不断分解吸收培养基内的养分,而分解养分则需要一系列酶处于活化状态,而酶的活性只有在一定的 pH 条件下才能保持,一般食用菌菌丝生长在适宜的 pH 条件下才能保持。一般食用菌菌丝生长适宜的 pH 值在 4～8,最适值 5.0～5.5,大部分食用菌在 pH 值大于 7.0 时生长受阻,超过 9.0 时停止生长。菌种培养基 pH 值 6.5～7.5、栽培料培养基 pH 值 7～8 时,菌丝活力强,杂菌率低。

拌完的料闷堆 1～2 小时后再测一下,水分为 60% 即可直接装袋。如果低于 60%,加水调至 60%;若高于 60%,加锯末和麦麸,比例为 1:1。当天拌完的料应当天装袋。

(二)装袋方式与方法

在食用菌生产中装袋方式与方法也十分关键,培养基料拌完后必须闷堆,闷堆 1 小时后再倒堆一遍测准水分,含水量为 60%～65%,然后要及时装袋,边装袋边传堆,栽培袋的生产尽可能用装袋机装,料高 17～18 厘米,袋肩部用手压实,改变以前上下、内外松紧一致的做法。这是因为袋直接摆地出耳,一直出完三、四茬,至少 3 个月。上部紧能够保证菌丝生长有充足的营养,避免上部菌丝老化,还可以减缓袋内水分散失。下部比上部相对松一些可以使菌丝生长加快。

1. 塑料袋质量的检查 在装袋时看是否漏气,如果用漏气袋装就白费力气了,就是灭完菌接完菌也会长杂菌。地栽黑木耳用的塑料袋必须用高温不变形、不收缩的聚丙烯黑色袋。

2. 装袋工具　装袋目前分机械和手工 2 种装袋法。机械装袋用装袋机,每小时可装 500 袋左右,装袋前要检查机械各部位是否正常,零部件是否松动。手工装袋要备好装袋用的小工具:扎眼用的木棍、颈圈和无棉盖。将装好的菌袋直接放入灭菌锅的灭菌筐上,用细钢筋或木板条制作,装完的袋为了防止转运、灭菌过程中受到挤压而变形,需要装在塑料筐或铁筐里。尺寸可根据需要和习惯而定,无论是长还是宽都能被 11 整除另外再增加 1 厘米即可,因为装完的袋直径为 11 厘米,常用的尺寸内径为 45 厘米、宽 35 厘米、高 25 厘米较好,每筐可装 12 袋,搬运方便。

(1)机器装袋　选用厚度在 5 微米左右,袋大小约 17 厘米×33 厘米的底部为方形的黑色塑料袋。装袋时,将已拌好的料装入袋内,使培养料密实,并以上下松紧一致为原则,这时培养料的高度约为袋高的 3/5,用干纱布擦去袋上部的残留培养料,加上塑料颈套把塑料袋口向下翻,盖上无棉盖。

(2)手工装袋　如果普通黑色塑料袋,装袋时先在袋内装上 1/5 料,然后用手将已装进料的两个边角窝进去,使两角不外露,底部成圆柱体,一是袋不呈圆柱形,放时站立不稳。二是不窝进去的边角料根本装不实,经常搬动时易碰动两角,这样两角容易透气,菌丝在两角定植晚,菌丝没占领吃料的地方易被杂菌所侵染,最后造成整个袋的感染。折角的袋则直接装袋,无角可窝,装袋时也方便,有利于摆放。

装袋时一边装料一边用手压料,压料时用一手提起袋,一手四指向下紧贴平压袋内的料,一边装一边压,不要一次装满,从上面一次往下压,这样一是上下松紧不一致,下部很难装实。二是塑料袋易起褶,起褶的部位划口时不利子实体形成,同时因起褶,袋和料形成的空间在出耳时易窝气,聚积冷凝水,易吐黄水。三是力大易挤破塑料袋。

每袋料装至 16 厘米处即可,每袋大约 1 千克重,袋面光滑无褶,料面平整,料不要装得过少或过多。料过少,数量、质量不到位,降低了产量。料过多,料面和棉塞之间空间小或紧挨着,袋内氧气少,不利菌丝生长,若棉塞触到料上,接种后菌块上的水分被棉塞吸干,菌种块就会缺水、缺氧,所以很难萌发,食用菌的菌丝生长发育需要的氧气,代谢产生二氧化碳的排出,这需要有气体交换的空间。料面和无棉封盖留有 3~5 厘米的空间有利于气体交换,为菌种的正常萌发和菌丝生长创造良好条件。

装够高度的袋按平料面后,用木棍在料中间打一孔至袋底,然后按顺时针旋转着将木棍拔出,把袋上口收紧,套上颈圈,将高出颈圈部位的袋口翻卷到颈圈外沿下口内,然后盖上无棉盖。

(三)灭菌方式与方法

灭菌是指杀死物体表面及内部的一切微生物的方法,使一定范围内的微生物永远丧失生长繁殖的能力,使物体达到无菌程度。灭菌的方法很多,有灼热灭菌(主要用于接种工具及试管口的灭菌)、干热灭菌、高压蒸汽灭菌、常压灭菌、间歇灭菌、紫外线灭菌及化学灭菌等,所用材料及操作技术也不一样。灼热灭菌是将接种工具、试管(瓶)口及棉塞等在火焰上适当灼热而杀菌。高压灭菌是将材料放在121℃～126℃的高压蒸汽中保持0.5～2小时而达到彻底灭菌的目的(常用于菌种培养基的灭菌)。常压灭菌是将培养基放在100℃的温度下连续蒸煮10～24小时而杀菌。化学杀菌是利用甲醛、高锰酸钾、酒精、气雾消毒盒、多菌灵等化学药品,分别对菇房、接种室(箱)、养菌室或培养料等进行熏蒸、喷雾、擦拭或拌在料里等方法杀菌。

1. 高压灭菌

(1)检查 高压锅在使用前先检查压力表、安全阀、放气阀、温度计等是否齐全、正常。如有一处工作异常都应禁止使用。

（2）装锅　锅内按水位线加足水，用帘子或筐把需灭菌的培养基装好，盖严锅盖，螺丝对角拧紧。

（3）排气　当压力达到 0.5 千克/厘米² 时，慢慢打开放气阀，把冷空气排放尽，如果冷空气排不尽，虽然压力达到了，但锅内温度达不到，造成灭菌不彻底。

（4）升压　压力达到 1.2～1.5 千克/厘米² 时维持 2 小时，此期间压力不能降至 1.2 千克/厘米² 以下。

（5）闷锅　维持够时间以后，停火压力自然下降，待指针降至 0.5 千克/厘米² 时打开放气阀放气，然后掀开锅盖 1/3，让锅内余热烘干无棉颈圈中的海绵体，适时出锅，放在接菌室里，接菌室要用高锰酸钾和甲醛熏蒸 30～40 分钟，进行接种箱或接种室空间消毒。待菌袋温度降至 25℃～30℃时接种。接种时要注意，连续接种不要时间太长，以免箱内温度过高；接种量要多些，可以缩短菌丝长满表面的时间，减少杂菌感染的机会。黑木耳抵抗霉菌，特别是木霉的能力比较弱，因此，灭菌一定要彻底。

2. 常压灭菌　目前农村大部分使用的是常压锅，它成本低，取材方便，可大可小。常压锅可用砖、水泥砌成，也可用砖、水泥砌好锅台后，直接用大棚塑料做成方桶状，将装筐的袋摞在锅台上，将塑料桶套在筐上，上口窝回扎紧，下口用布圈装上沙子压实，这种常压锅既省钱又适用。砌常压灭菌锅首先根据自己的生产规模来确定，一般直径 1.5 米的铁锅可以砌成一次装 1 000 袋左右的灭菌锅。锅台要与地面平行,墙体内壁与锅沿的距离在 25 厘米左右,不要太宽了,否则容易造成灭菌死角;墙体高度在 1.8 米,上盖的厚度为 15 厘米;砌一砖墙,墙体内外壁用水泥抹光,利于水回流,顶部留有约 15 厘米的排气孔,在墙体下部设两孔,一个安装温度计,另一个加水。灭菌锅要砌成双开门式或集装箱式的,以便于装锅、出锅。

常压灭菌锅的温度一般可达到 100℃~108℃。灭菌时袋内温度达到 100℃时持续 5 小时,微生物就会全部死亡,灭菌时间不宜过长,灭菌的目的是杀死微生物,微生物死亡后还继续高温灭菌,一是失去了灭菌的意义,二是培养基中维生素等营养成分被分解破坏,三是提高了灭菌的成本,灭菌是以达到杀死培养基内活菌为目的,灭菌时间越长,培养基营养消耗越严重,抗杂菌性能也越差。

常压灭菌到时间后,不要长时间闷锅。撤掉余火,锅壁还有余热时,将锅盖打开,用锅内余热将无棉盖及袋口烘干。

简易灭菌锅一般都是用塑料布等方便材料代替红砖和水泥,使用时应注意以下几点。

首先,温度计不能放在锅体的最上方,因为烧锅时热气上升,饱和水蒸气从上向下一层层穿透,锅体上方温度达到 100℃时,锅中心和底部的温度还没有达到 100℃。如果此时开始计算灭菌时间,就会造成锅中心和底部出现"假温度",造成灭菌不彻底。

其次,温度计不能放在锅体的最下方,即靠近锅沿处,因为随着温度的升高,水达到 100℃即开始沸腾。温度计太靠近锅沿会与沸腾的水接触,这样测出的温度是水的温度而不是培养基的实际温度,在这种情况下计时灭菌肯定不会彻底。

最后,温度计的合理摆放位置应确定在距离锅台 15～25 厘米的高处,即把温度计插入往下数第一层袋内(如果墙壁厚,可以从锅门打孔插入),因为此处属于锅体下方,这里的温度达到 100℃时,中上部已达到 100℃了,而且这里不至于被沸腾的水浸泡,这样测得的温度才是真实的。此外,常压灭菌还应注意如下问题:

要接加水管,灭菌时锅内要保持一定的水位,才能产生足够的蒸汽,使灭菌彻底;要用结实、拉力强的塑料布或其他材料,免得灭菌过程中胀破,造成损失;简易灭菌锅顶上也应留有排气孔,灭菌时用麻袋或棉被盖上,火力过旺时可排除部分蒸汽,另外还能防止棉塞潮湿,减少杂菌污染程度;简易灭菌锅,由于锅体薄,保温性差,最好延长灭菌时间,在培养基内达 100℃时应维持 6 小时;灭菌时锅内的袋应套牢固,以免在受热时移位,造成事故,影响正常生产。

(四)接种方法

在接种前应准备好接种工具、菌种及已灭菌冷却好的菌袋,在生产接种时一定要按无菌操作进行,提高成品率,灭菌后出锅降温至 30℃以下才能接种,最佳温度为25℃~30℃。接种是黑木耳生产的一个关键环节,要树立无菌观念,使接种设备和环境有机结合,再好的设备在有菌的环境下接种也会长杂菌,除了接种设备好,接种的环境一定要消好毒,在这样的环境下拔下棉塞接种才不会长杂菌。

接种达到无菌要求应注意以下几点:①接种前先用2%~3%来苏儿液喷雾消毒;②用气雾消毒盒熏蒸,用量为 3~4 克/米³,熏蒸半小时;③有条件的栽培户接种前,接种场所应用 30 瓦紫外线灯照射半小时;④菌种要纯正,无污染;⑤手、菌种瓶及接种工具用 75%酒精擦洗消毒;⑥接种钩、勺等工具应在酒精灯火焰上灼烧灭菌;⑦接种方法正确,接种人员操作熟练,配合默契;⑧接种过程中,接种工具碰到有菌的地方应重新灼烧灭菌;⑨接种量适中,均匀一致;⑩接种时间一般每次 1~1.5小时,接种室温度不超过 30℃为宜。

1. 综合接种法 首先要建立一个 6 米² 左右的接种

室,具体大小按自己的一次接种的数量而定,接种室应设缓冲间,最好设在灭菌室和培养室之间。其室顶高度不宜超过 2 米,室内地面、墙壁均应平整光滑。在接种室内与门同侧的墙壁设一工作台(桌),上置一高 50 厘米、长 40 厘米、宽 30 厘米前面不封口的木箱,箱内安装一盏红外线灯,这样接通电源后,红外线灯就制造了一个干热无菌区;同时,室内还应安装一盏 30 瓦的紫外线灯管,其距地面高度不超过 1.5 米。接种室在使用前须进行处理:打扫卫生后,将所用物品全部拿入室内如菌种、栽培袋、其他工具等,用克酶灵喷雾降尘,打开紫外线灯后人员退出,30 分钟后,将紫外线灯关闭,过 20 分钟人员即可进入。打开红外线灯,接种前点燃酒精灯(要用无菌台式酒精灯),将酒精灯接种工具消毒后接种。

接种时选好二级菌种,用酒精棉球等进行瓶面消毒,在无菌酒精灯火焰上拔掉棉塞,一手握住已消毒的接种钩,用无菌酒精灯火焰或药物洗刷消毒,将菌种瓶置于固定的菌架上,用接种钩勾去瓶内菌种表面的老化膜,再将接种钩伸入菌种内部将菌种捣碎成块状,如同黄豆至花生米粒大小,进行接种。接种时将菌种块接入袋内培养基的孔内,并继续掏取瓶内菌种接在袋内培养基料面上,使料面上薄薄布上一层菌种定植快、防止杂菌侵入,一般一瓶二级菌种可接 40 袋。

有些食用菌生产户接种时,把接种直接放入接种孔里,每袋接种量还少,有时一瓶菌种接 50 瓶,这样接种孔内塞满菌种不透气,吃料慢,不利菌丝生长。要想让菌丝吃料快,尽快长满袋,应将接种孔内接入 2～3 块菌种,接种量大一点,菌袋下松上紧通气好,再在料面上多接些块粒小的菌种,这些菌种菌丝已萌发,很快占领料面并吃料,上下一起长,菌丝生长发育正常。

2. 接种机接种　食用菌接种机,既可用作食用菌接种,又可用作培养室净化。使用接种机接种,大大提高了接种效率,比接种箱接种提高工效 5 倍以上,一、二、三级菌种及组织分离都很适用,并且使接种人员免受化学药剂的危害;同时,对食用菌菌丝也减少了药物的刺激,菌丝活力强。菌丝吃料早,定植快。采用接种机接种,要求在密闭的接种室内,将接种机放在普通桌面上。室内喷新洁尔灭 5% 溶液降尘净化,然后打开接种机,在机前 20～30 厘米接种。

六、养菌方式与方法

养菌是地摆黑木耳的基础工作,黑木耳生长主要有两个阶段:一是菌丝生长阶段;二是子实体生长阶段。养菌阶段就是菌丝生长阶段,只有菌丝生长得好,才会给子实体的生长打下良好基础。养菌分室内养菌和室外养菌。黑木耳是中温型真菌,养菌的目的是为了出耳,出耳和长耳的温度是 10℃~25℃,气温超过 25℃后,胶质状的子实体会自溶腐烂。养菌要为长耳服务,应根据出耳季节来安排养菌时间。春、秋两季温差大,气温在 10℃~25℃,有利于黑木耳生长。

(一)室内养菌

应根据当地自然气候,气温达到 10℃左右开始出耳,往前推 50~70 天养菌。欲充分利用室外春季自然温度出耳,便采用室内集中养菌、室外出耳的办法。

养菌室应具备增温、保温、保湿、通风的条件。室内养菌袋的摆放有搭架子和垛木筐 2 种。搭架子是在养菌室用角钢或木方搭成架子 4~6 层,上铺木板,把袋摆在上边站立培养。这样培养室空气流通易散去袋内菌丝代谢产生的二氧化碳气体,还可避免因上垛摆袋造成挤压变形。垛筐是用搭架子木板剖成木条,钉成内径 44 厘米、宽 33 厘米、高 26 厘米的木筐来盛袋,把木筐垛 4~6 层进行管理培养。其优点是利于检查管理,取拿方便。

需注意,无论是搭架子还是垛木筐,木板一定都要晾干、抛光涂上油漆,避免扎破袋和杂菌感染。

如没有现成架子以后尽量不要搭架子。搭架子一是成本高,二是摆放取拿和检查菌种不方便,三是清理培养室和消毒不方便。

养菌室在袋放入前应消毒处理,墙壁刷生石灰消毒,地面清理干净,室内挂干湿温度表,养菌室要处于完全黑暗的条件下,避免光线射入抑制菌丝的生长或过早形成子实体。如果养菌选用的是黑色菌袋,则不需要遮光。

室内挂干湿温度表,用以测定室内的温度和空气相对湿度。在养菌第一周温度在 20℃～28℃,空气相对湿度在 45%～60%,就不用通风,往地面洒洁净的清水就可以了。

培养基的菌丝吃料 1/4,必须在中午通风 30 分钟,养菌室温度不超过 28℃。菌袋内菌丝的生长自身产生热能,袋内和室内二氧化碳气体的增加,往往袋内温度比室内温度要高 1℃～2℃,要保持养菌室有一定的温湿度、洁净,每天必须通风。菌袋生产过程中对杂菌的控制十分重要,主要是以预防为主。杂菌就是食用菌生产中的癌症,如果有杂菌难以治愈,在生产中一定要按严格无菌操作程序,是生产食用菌成功之母。

养菌室到后期应注意通风,黑木耳是好气性真菌,只有在空气新鲜的情况下才能生长良好,而有的菇农只讲温度,不讲通风,菌种是在高温缺氧的条件下勉强生长的,所以在出耳时失去抗杂能力,这样的菌种种到木段或袋上都长不好,都极易烂耳。只要温、湿度适宜,空气新鲜,35 天左右,大部分菌丝都可长满全袋。养菌期间如出现杂菌,应移到室外气温低、通风的地方放置,遮阴培养。温度低霉菌很难生长,黑木耳菌丝反而长得更壮,这样菌丝就会吃掉杂菌菌丝。在个别感染严重的菌袋,不能随便扔弃,必须集中在一起,将袋内料倒出,堆在一起撒上白灰盖上塑料布发酵,在做新的培养基原料时按 30％加进去使用。

(二)室外养菌

1. 时间选择　在室外养菌必须考虑室外环境和温度,因此室外养菌的时间安排很重要,暑期伏天气温超过 30℃的地区应提前或延后,躲开暑期高温期出耳。黑木耳是腐生真菌,塑料袋内菌丝长满后,不及时割口挑眼,再遇上高温,就会出现袋内菌体发软、菌丝死亡,这时再挑眼,迟迟不能形成子实体,或子实体形成也长不大,而且很快产生大量青霉等杂菌。生产的时间一定要考虑出耳时的温度,定好多长时间出耳后,就往前推多长时间制栽培袋和多长时间养菌。黑木耳室外养菌选择在秋季效果最好。在鸡西地区水稻床土隔寒育苗大棚,是秋季黑木耳生产养菌的最好养菌场所。大棚温度适宜,通风方便,利于好气变温型的黑木耳菌丝生长,降低了生产成本,提高了菌丝的质量,但必须天天中午通风,千万别超温。

2. 场地选择 养菌场地应选择在不积水、通风、清洁的地段,春季可选择向阳、光照好的地方以利增温,暑期可选择遮阴,通风地段或人工搭遮阴棚,以防高温。

3. 养菌床制作 做养菌床可以根据自己的实际状况或顺坡方向,以利排水。主要有地上床和地下床2种形式,床的长度根据地形地势自然不限,地栽黑木耳是把划完口的栽培袋摆在出耳床上覆盖草帘出耳。因此,养菌床的制作就显得非常重要,在不同季节、不同地理环境、不同气候条件下,制作不同的养菌床,会使养菌产生不同的效果。

采用地上床的优点是便于通风,便于管理,抗涝灾能力强;缺点是易发生干旱,湿度不易保证,温差变化过大,抗高温能力差。地上床的制作标准:顶宽1.0~1.2米,可摆6~8排,床高根据地势可在10~25厘米,地势低洼、易发生涝害的地方可适当高些,反之可低些;床的长度不限,但为了方便管理,也不要过长,一般根据地形应控制在40米以内。

采用地下床也有其优缺点,其优点是保温,保湿性能好,温差变化不大,湿度易提高;缺点是通风和排水稍差,地下床要求宽1米,否则会失去浅地槽的作用。养好菌后的养菌床,可直接做出耳床使用。

无论选用地上床还是地下床,做床时都要顺坡做,并且保证坡度不要过大,不同地区在选择制作出耳床时,可参考以下几点建议。

第一,春季出耳因早春气温低、温差变化大,许多地区干旱少雨、湿度小,应采取地下床出耳。

第二,夏季出耳如在高海拔、气候凉爽、湿度大的地区可选用地上床;如果在高温、炎热的干燥地区则应选做地下床出耳。

第三,秋季出耳,由于刚划口时处于夏末高温阶段,后期气候又逐渐转冷。地下床有利前期防高温,延长出耳时间,但应注意通风。

第四,雨水集中、降雨量大、出耳期遇强降雨机会多的地区,一定要采取地上床,选择地势高的地方,以免发生涝灾。床宽 1 米或 1.2 米,床与床之间的作业道宽 30 厘米左右。床比作业道高出 10 厘米,以利于排水。

4. 出耳床消毒 将床面和草帘用多菌灵消毒,待床面和草帘干爽后,开始摆袋。

5. 摆袋 将已接种的菌袋连筐一起摆在床面上,顺着床的长度方向摆筐,筐可摆 5 层高。摆完筐后盖上草帘,草帘两边直接触地,彻底遮住光线,气温低时盖上塑料薄膜。此阶段往往是外界气温较低阶段,同时又是菌丝初长阶段,主要是提高温度,一般来说在菌丝生长阶段的前 10 天内,袋内的氧气能够满足菌丝生长的需要,在前期不必大通风。

6. 养菌管理 菌筐摆入床上不用挪动,10 天后掀开塑料布、草帘检查菌丝生长情况。正常情况下床内温度应在 15℃～20℃,菌丝占领料面并能吃料 1/4 或 1/5 时,彻底掀开草帘,将菌筐倒垛,从这排垛挪到另一排垛,原先在上面的这次放在下边,下边的放到上面,每个筐互换一下位置就可以,然后及时盖上草帘,根据温度高低来决定盖不盖塑料布。这时床内最高气温不应超过 25℃,气温低应盖上塑料布增温,气温高则应及时通风搭上遮阴棚。如遇雨天必须遮上塑料布,一般 40 天左右菌丝就长满全袋了。

(三)养菌注意事项

无论室内养菌还是室外养菌都必须注意以下几个问题。

1. 养菌前期防低温 接种后,养菌 1 周内一定要防低温,温度在 23℃～28℃最佳,这个温度范围菌种萌发快吃料早;如果这段时间温度在 22℃以下,菌种萌发慢,在萌发过程中使自身营养大量消耗,无力向培养基中蔓延,造成萌发慢吃料晚、菌丝生长无力。

2. 中后期防高温 养菌的中后期也就是菌丝长至1/3 以上时,随着菌丝的不断生长,菌丝体的新陈代谢内部会产生很多热量,如果这时的环境温度在 23℃以上,袋内温度更高,这样就会超过菌丝所能承受的温度,造成因超温引起的菌丝细弱、生长无力、退菌甚至死亡,所以要注意防止养菌中后期出现高温现象。

3. 注意通风 黑木耳是好气性真菌,不能只讲温度不通风,养菌时在保证温度的前提下,要注意加强通风。如果不通风、室内缺氧,会造成菌丝细弱无力,生长缓慢。

4. 避光养菌 菌丝是在黑暗条件下生长的,光线有抑制菌丝生长、刺激木耳原基提前形成的作用,直射光还会使袋内温度升高,使菌丝体超温,阳光中紫外线还会杀死菌丝细胞,所以无论是室内还是室外养菌都要避光。二级种和栽培袋都要在黑暗的条件下养菌,否则,就会影响菌丝的正常生长。所以,早春低温时养菌要在增温和保湿的前提下,注意处理好温度与通风的关系。秋茬生产在夏季高温时养菌要避免超温,要采取搭遮阴棚等措施尽量降低养菌温度。

七、出耳床场地的整理

根据不同地势、不同环境应做不同的出耳床,积水低洼地或平地又不好排水的地方应做高出地面 10 厘米的出耳床;坡地、排水良好的地应做比地面低 10 厘米的出耳床。床面宽 1.2 米,长度不限,高低深浅由地势定,床面必须灌透水后再撒上生石灰。1 米^2 可摆 25 袋,每 667 米^2 地留 1/4 为作业道,余下地可摆 12 000 袋。

耳床做好后,往耳床上浇灌石灰水,必须灌透,使床面吃足吃透水分,然后用 1∶500 倍多菌灵溶液,再将盖袋的草帘用多菌灵溶液浸泡,浸完后将草帘堆放在一旁,控净多余水分。当黑木耳菌丝长满袋时,即可将菌袋从培养室移到栽培室,把棉塞、塑料颈套去掉,袋口拧成 360°倒立在地面。

把养好菌的栽培袋(菌丝即将发至距袋底 1/5 就可以了,大约离袋底还有 2 厘米或刚长满的菌袋)运到木耳床附近,更不允许菌丝长满后多日不割口挑眼。

八、菌袋开洞、挑眼或扎眼

在养菌时,菌袋内菌丝即将长至袋底或离袋底 2 厘米左右时,或刚长满袋,就可以移到出耳床。先将无棉盖、颈圈拿掉,进行开洞、挑眼或扎眼出耳。方法如下。

方法 1:开洞,用刀片在袋子的四周,按两洞之间 5～6 厘米的距离开长度 1～1.5 厘米、深及料内 0.3 厘米的小口,也可先在菌袋的一侧开洞。将已开洞的菌袋在另一盆石灰水中浸泡一下,使洞口处于碱性环境,可有效地防治杂菌危害。

方法2:袋口拧成360°扎严实后,用锥子挑眼,挑眼时不要反复用药水消毒,那样会杀伤菌丝,致使栽培袋出耳不齐。挑眼就在耳床处挑眼,不要在室内挑眼,更不应挑完眼放在室内培养,室内空气污浊、污染严重,容易造成杂菌感染。挑眼还应注意不要在雨天挑,不要在袋料分离处和起褶处划,不要在袋内形成原基处挑,要在袋料紧贴处挑眼。挑眼挑"三角"形的3个点,以破坏培养基为宜,每袋挑60～80个眼,因塑料袋挑眼处张开度小,培养基和空气接触少,还易保湿,利于子实体形成,挑眼处子实体原基一形成,便自然形成一个黄豆大的原基,顶起挑眼处的塑料,使它向上翘,子实体本身封住了挑的眼,水浇不进袋内,形成袋内干长菌丝、袋外湿长子实体、干干湿湿、内干外湿的出耳条件。所以说,挑眼必须是"三角"形。眼的深度对出耳早晚,能否形成大耳,能否使原基尽快长出袋外,后期出耳能否烂根关系重大。眼形开得大,挑眼处形成原基后,朵片长大后期浇水时耳根处积水,易造成根部腐烂,整朵耳子都会腐烂流耳。眼形过小,成朵的耳子根部伸展不开,两边斜线一连接,还易将挑眼的塑料包在里面,抑制了子实体的生长。挑眼过深过浅对产量都有直接影响。挑眼过深过大,营养分散,子实体原基很难形成大朵,培养基裸露面积大,外界水分也易进入袋内,给杂菌感染提供了机会,越是挑眼大挑眼深,朵子越不易形成,越长不出大朵,越长得慢,越易感染杂菌。挑眼深度是出耳早晚、耳根大小的关键。挑眼过浅或不往培养基内挑,子实体长得朵小,袋内菌丝的营养输送不上来,耳子长得慢,一拿一动因耳子的根部没长入袋内一碰就掉。挑眼过深,子实体形成的较晚,耳根过粗,延长了耳基形成期。挑眼的深浅适宜度在 0.5 厘米左右,这样的深度最适宜菌丝扭结形成原基,正常温、湿度条件下一般 1 周时间原基便可形成并封住挑眼处。

菌丝是无限生长的,正在生长的一根菌丝被挑眼后,营养便往挑眼处聚,便形成了黑木耳原基。木段上的子实体也是长在打眼处和树皮缝处,这些点都是菌丝断头处。挑眼得过少浪费袋内营养,挑眼得过多子实体长不大,还保证不了产量。菌丝长至离袋底还有 2 厘米左右的,挑完眼子实体原基形成前,菌丝也就长到袋底了。挑完眼的袋立即站立摆放在床上,袋与袋间隔 10 厘米左右,袋与袋呈"三角"形,然后盖上草帘。

方法 3:用割眼器,国家发明专利"一种食用菌袋划口器"划口。使用方便,设有可调划刀,划口速度快,长度、深度合理,准确。

无论是用手工割眼还是用割眼器挑眼,都必须在出耳床处进行,不要在室内挑眼,更不应挑完眼放在室内培养,室内空气污浊,污染严重,容易造成杂菌感染。

九、催 耳

(一)室外催耳

把开洞、挑眼或扎眼的菌袋再放在原来的筐里,摆在室外,宽为 4 列,高 7 层,长度根据自己的实际情况而定,盖上事先准备的草帘(用多菌灵溶液消毒后,湿而不滴水的)盖在筐垛上,上面再盖上塑料布催耳,前 3 天不用通风,3 天后每天中午通风 30 分钟,7 天菌袋开洞或挑眼扎眼处就形成大米粒大的小黑疙瘩,这样耳基就形成了。

(二)温室催耳

把开洞、挑眼或扎眼的菌袋放到原来的筐里,再放在温室里,温室前放宽为 4 个筐,高为 3 层,往后摆一行加一层,到第七层就不加了,一直摆到长 15 个筐就可以了,长度根据自己的实际情况而定。用多菌灵溶液消毒后,湿而不滴水的草帘盖在筐垛上,头 5 天不用通风,5 天后每天中午通风 30 分钟,7 天菌袋开洞或挑眼或扎眼处就形成大米粒大的小黑疙瘩，这样耳基就形成了。

十、地摆方式与方法

必须选择晴天把做好的出耳床用石灰水灌透，使床面吃足吃透水分，然后用 1∶500 倍多菌灵溶液，将盖袋的草帘用多菌灵溶液浸泡，浸完后将草帘堆放在一旁，控净多余水分。黑木耳从野生到大地栽培，经历了一个漫长的历史阶段，大地人工栽培为黑木耳生长提供了更适宜的生长条件，使周期缩短，产量提高。为了满足黑木耳子实体生长发育需要的阴凉、避光、湿润、通风的外界条件就要盖上草帘，这样既保湿、降温又能避光通风，这就解决了袋挂栽培造成的湿度和通风的这对矛盾。

草帘用稻草等材料制成，在温度低的季节能增温，如早晚霜的来临，盖上草帘，子实体照常生长。在高温季节能起到降温作用，在阳光直射的场地，盖上草帘能把直射光变成散射光，利于子实体生长。在干旱条件下，浇水后，草帘能起到保湿作用，使床内的相对湿度保持稳定，减少浇水次数。

草帘在地栽黑木耳的生产过程中起着非常重要的作用。室外养菌离不开草帘，用以遮阴和调节温度；子实体生长的整个时期更离不开草帘，其作用主要是遮阴和保湿。地栽黑木耳模拟了野生黑木耳生长习性,草帘的应用是其完整技术体系中的一部分,尤其是在子实体生长阶段,草帘覆盖栽培袋,地湿、帘子湿,在地面与帘子之间的栽培袋就有了适宜的温度、光照和空气湿度等。适合黑木耳生长的环境,必须有合格标准的草帘做保证,帘子既要能够遮阴保湿,又要具有一定的通透性,帘子薄了,不利于遮阴保湿;帘子厚了,又会造成通风不良,其结果都会带来栽培上的失败。制作草帘要按标准;首先,要细心选择原料,打草帘最好选用稻草,因稻草韧性强,经久耐用,保湿性好,不易发霉。其次,要保证草帘质量,草帘的长、宽、厚、重,都应有一定的标准,以稻草帘为例,帘子宽以 1 米为宜,长取决于出耳床的宽窄(因草帘是横搭在出耳床上的),以把栽培袋盖严为主,一般顶宽 1.5 米,但地上床需打制 2 米长的草帘,顶宽 1 米的地下床配以 1.2米长的草帘。草帘的厚度与重量相互制约,一般在制作时,用稻草 7～10 根,每延长米干重 1.5～2.0 千克为宜,帘子绳一般采用麻袋线或 8 股渔网线,以防晒、遇湿不腐烂、结实耐用为好,每个帘子打 6～8 道径。

帘子打成后,会给栽培提供方便并带来好处,各地应根据当地的干湿状况及其他自然条件,选择和打制适宜的草帘。当黑木耳菌袋耳基形成时,即可将菌袋从催耳室移到出耳床处,把棉塞、塑料颈套去掉,袋口拧成 360°,

有正立出耳和倒立出耳 2 种形式。

正立出耳是在菌丝距袋底还有 1～2 厘米时划口,缩短了养菌时间,保证划口出耳的最佳季节。此种出耳摆放方法,划口偏向上部,把口的上部装实,防止上部菌龄过长和含水量偏低。

倒立出耳是菌丝完全长满袋后,出耳时底朝上的一种摆放方法,克服了站立出耳耳子上小下大的现象,使袋内与床面湿气互为补充成为一体。

在生产中养菌超温、挪动不当等原因造成袋、料分离的,必须采用站立出耳栽培方式。

十一、出耳管理

(一)第一周耳基形成期管理

将挑眼或割口的摆在出耳床上,在 1 周左右耳基就会形成。保持床面一定的湿度,空气相对湿度 85％左右,使床面既不过于潮湿,也不使床面或挑眼处干燥,如气温在 10℃～20℃,子实体原基 7 天便可形成,8～10 天封住挑眼处。这阶段帘子潮湿度不够,可轻轻往帘子上喷雾状的水或将帘子用清水浸泡,沥净多余水分再往上盖,总之不允许帘子上有水滴滴入挑眼处。如天气干燥风大,可以一层湿帘子上面盖一层干帘子，以利保湿。夜间可将帘子掀开通风或将帘子撤下去，彻底大通风。这阶段切记"怕水浇得大，就怕不通风"。早期挑眼感染，除了菌种和配方因素外，这2点是主要原因。

如遇雨天，因子实体还未长出封住挑的眼，经不起雨水的浸淋，下雨时需盖上塑料布遮雨。

(二)第二周原基形成期管理

第二周原基的形成需要四大要素"温度、湿度、氧气、光照"。温度以12℃～22℃为适，并给以温差刺激，创造温差相错5℃～10℃的条件；湿度以空气相对湿度80％～95％为宜，喷水保湿或浸水，通风换气，以满足有足够的氧气和充足的光照即可。原基形成的多少、整齐与否和一系列管理好坏与配合有关，发菌期温度保持正常，通风良好，转色温度正常，空气新鲜，分泌和蒸发的水排除及时，转色均匀，补水适度，菌袋催菇催耳时光线、温度、湿度、空气的配合符合要求，原基发生得基本一致。栽培食用菌必须以科学的态度去细心管理，才能达到优质、高产。黑木耳在菌丝生长阶段应处于黑暗条件下，而子实体生长阶段应有散射光，所需要的光照强度为40～100勒克斯。因为散射光促成了原基的形成和加深颜色，有利于干物质的干重增加。所以说，黑木耳子实体生长阶段没有光线不行。但光线也不要过强,过强的太阳直射光会抑制菌丝生长使菌丝死亡。耳基形成了,就需要一定的空气湿度,空气相对湿度要求在85%左右,温差在9℃以上,加大通风保证空气新鲜,适当的散射光,夜间就不用盖草帘,子实体才会得以正常尽快形成。

散射光线能诱导原基的形成,增加黑木耳干重;散射光还能和空气同时作用来调节空气湿度,抑制霉菌的生长。

选用黑塑料袋,直射光线能使培养基表面温度不会迅速升高,直射光线能降低菌床和培养基的湿度,袋内环境的温、湿度平衡,有利菌丝和子实体生长。在出耳后期,遇有烂耳、流耳,采收时应利用直射光线来抑制霉菌,降低环境和子实体的湿度。

(三)第三周子实体形成期管理

第三周,原基是子实体的原始体或者说胚胎期,食用菌的原基一般呈颗粒状、针头状,原基进一步发育就成为菌蕾或幼耳,原基的形成,标志着菌丝体已由营养生长阶段进入生殖生长阶段。当大量繁殖的营养菌丝遇到适宜的光线、温度、湿度等物理条件和机械刺激(如搔菌、划口等)以及培养基的生物化学变化等诱导时,就形成了原基,而那些处于生长条件优势的原基,才能发育成成熟的子实体。黑木耳的原基，一般呈桑葚状，地摆黑木耳的原基一般在划口后 3～7 天形成，沿菌袋划眼，形成原基（耳基）。

黑木耳由原基形成就是耳基，耳基长至玉米粒大小以后，上面开始伸展出小耳片，就已经进入分化期了。

分化期的主要管理与耳基形成期基本相同，这阶段就像蔬菜育苗期"蹲苗"一样，耳基形成后，应给予一定的温湿度、温差、通风等条件，慢慢分化。切忌浇大水，珊瑚期的耳芽刚刚形成，相当细嫩，它既需要水分、又不应水分过大，水分过大，刚形成的幼小子实体因嫩小，吸水过多易破裂造成烂耳。

冷热温差、新鲜的外界空气、潮湿的地面和草帘环境，给分化期提供了条件，这个阶段的原基通过菌丝吸收袋内菌丝体的营养，用来满足自身分化对营养的需要。浇大水湿度过大易使刚形成的耳芽破裂烂耳，而因湿度大时，菌丝生长缓慢或停止生长，使耳基光有水分没有营养而死亡烂掉。

这一阶段的湿度就是保持形成的原基表面潮湿不干燥（空气相对湿度 80%～90%），使形成耳基的菌丝体有一个休养生息的机会，为子实体原基分化提供更多的营养。偶尔几天的原基表面湿度下降、表面发干都正常，这正是给子实体分化生长积聚营养，为它的分化打基础。

这个时期是 7 天左右。

（四）第四周子实体分化期管理

第四周子实体原基长至纽扣大小后，边缘逐渐分化出许多小耳片，并逐渐向外伸展，一直到采收，这段时期称为子实体生长期。

经过分化阶段的积聚营养，子实体已达到快速生长的阶段，这阶段的主要任务是加大湿度、加强通风。湿度合适，通风适宜，可保证子实体新鲜水灵。这个时期空气相对湿度在 90%～100%，当耳片展开 1 厘米以后，利用喷壶直接浇水就可以了。如果大雾天或小雨天，可以撤掉草帘，任其浇淋，几天后耳片就能全部展开。

子实体生长期如果发现长得慢，可停水 3～5 天，使地面、草帘、耳片都干，这时菌丝休养生息，积聚营养，几天后再恢复大湿度，使耳片充分吸透水，这样，子实体因积累足够的营养之后，又进入生长期。

随着耳片的逐渐长大，需要的氧气量也随之加大，所以经常通风又是管理工作的一个关键。可以卷起帘子两边通风。温度合适的季节，在保证湿度的前提下，夜晚可以全部敞开草帘通风，如果通风不良、二氧化碳浓度高，子实体生长缓慢或者呼吸受抑制停止生长，会形成畸形耳。

　　在具体生产中,应根据不同季节、不同天气情况等灵活掌握实际采收时间。春季天气正常,降雨、气温等条件适宜,应按采收标准及时采收。夏季天气变化无常,温度高、湿度大、连雨天多,为保证质量和便于干燥,应按标准提前采收。秋季气温逐渐下降,可适时延后采收以利于提高质量、增加产量。

　　子实体弹射孢子后采收,耳片弹性胶质性下降,就会造成商品质量下降、折干率低、效益差。

　　子实体长到茧蛹大以后,边缘分化出很多个耳片,并逐渐向外伸展,挑眼处已被子实体彻底封住,这时应逐渐加大浇水量,浇水应用喷雾形式从上往下浇。子实体已达到快速生长的阶段,需要加大空气相对湿度在95%左右,晚上就不要盖草帘了,白天遮好帘子,保证帘子是湿的。耳片伸展开2厘米以后,可以直接往耳片上浇大水了,但必须晚上浇水;如果发现子实体生长得慢,可停水2～3天,帘子就彻底不盖了,让袋、床面、子实体风干一些,使菌袋有几天的干燥时间,让菌丝有休养生息的时间。为了供应子实体生长所需营养,菌丝必须向袋内深处生长,吸收和积累养分。经过几天的休养生息、积聚营养,再恢复大湿度,浇水催耳,使耳片充分展开。湿度高、通风大的前提下,促使黑木耳迅速生长。

　　正确处理好黑木耳子实体生长阶段的干湿关系相当

重要。在栽培中,子实体开片后长得慢,烂耳,发红变软,弹性下降等都是由于没把握好干湿关系造成的。所谓温度的高低,湿度的大小,都是相对的,是菌丝体生长阶段和子实体生长阶段相对来说的。

菌丝体生长阶段需要的最佳温度是 23℃～25℃,过低,菌丝体生长缓慢或停止生长;过高,菌丝体受热死亡。这个温度相对于子实体生长温度 15℃～25℃是高温。子实体生长时温度不能过高,高温易使中温型、胶质状的黑木耳子实体腐烂。

菌丝生长阶段空气相对湿度不宜过大,在 45%～60%,过大,潮湿的环境易于感染杂菌,这相对于子实体生长阶段需要的空气相对湿度 80%～100%是低湿。子实体生长阶段湿度也不能太小,湿度不够,子实体萎缩,停止生长。

大自然的野生黑木耳和人工木段栽培黑木耳都是直接裸露在野外,晴天长菌丝,雨天长子实体,天晴后子实体晒干,再下雨就接着长,这就向人们揭示了一条黑木耳生长的规律:干长菌丝(袋内或木段内含水量在 45%～60%,空气湿度较低时适合长菌丝);湿长木耳(自然界下雨,空气相对湿度达 80%～100%,干透的木耳吸足水分后,才能生长,人工浇水时也应达到这种湿度)。

在子实体生长时需要 2 种湿度:培养基内的含水量

和空气湿度。这就是我们讲的内干外湿,袋内干(空气相对湿度60%)长菌丝,袋外湿才能长木耳。内干外湿,干干湿湿,干湿交替,七湿三干。在子实体生长阶段,切忌长时间不干不湿维持,这样菌丝也不长,子实体也很难生长,使子实体失去菌丝供应营养,本身弹性下降,又因草帘长时间盖着,就会造成流耳或杂菌感染。一定要把握干长菌丝,湿透了子实体才能生长发育,这样干湿交替,才能适应子实体生长发育的需要,子实体才能长得更好。

(五)第五周子实体采收期管理

子实体生长所需要的温度是10℃~25℃,在15℃~25℃这个温度范围,适合黑木耳子实体的发生和生长;低于15℃,原基形成要延长;低于10℃不能或很难形成原基;高于25℃耳片生长特快,耳片薄而且黄;温度再高胶质状的子实体会发生自溶,病虫害容易发生。

所以,黑木耳子实体生长期温度应控制在15℃~25℃,使子实体处于最佳生长状态。子实体原基形成后,有原基形成珊瑚状,长至纽扣大小,上面开始伸展出小耳片,这时就叫子实体分化期。

分化期的主要管理与耳基形成期基本相同,这个时期就像庄稼"蹲苗"一样,应给予一定的温度(15℃~25℃)、湿度、通风等条件,慢慢分化。

这个阶段空气相对湿度应控制在 80%～90%，保持木耳原基表面不干燥即可，切忌浇大水，珊瑚状的耳芽刚刚形成，相当幼嫩，既需要水分，又怕幼嫩的子实体吸水过多破裂造成烂耳。以前有些人见原基形成就不停地浇水，盼木耳快长，然而却适得其反造成损失。如果此时耳芽形成因水泡而生长停滞即为湿度过大，应立即停水，干上 3～5 天，待耳根干硬后再浇水，木耳就能恢复活力而生长了。

冷冷热热的温差、新鲜的外界空气、潮湿的地表和草帘环境，给分化期提供了条件。浇大水不仅会使耳芽破裂，也会因高温菌丝生长慢或停止生长使耳基光有水分没有营养，进而死亡烂掉。偶尔几天的原基表面干燥并无妨碍，这正是给予子实体分化生长积聚营养，为分化打下基础。

在子实体朵片充分展开、边缘起褶变薄、耳根收缩、弹射孢子前采收，让阳光直接照射在菌袋和子实体上，待子实体收缩发干时采摘，采摘时一手握住塑料袋，一手捏住子实体根部，把子实体连根拔出来。采收后用剪刀剪去带培养基的根部，用水洗净附在子实体上的沙土，摊在晾晒网上干晒。黑木耳子实体的晾晒是生产过程中最后一关，如果最后一关把握不好，将前功尽弃。首先，晾晒时选好场地，晾晒场地选择光线强、通风好的地方，要远离锯末晾晒场，避免锯末落在干净的子实体上。其次，晾晒工具要选用纱网，纱网要离地面 1 米左右高，把黑木耳摊在网上，上面太阳照射，下面通风很快就干；最后，晾晒时不能翻，以免耳片卷曲，因晾晒不及时，在翻晒时，互相粘裹而形成拳耳，一般情况下，大半干后再翻动，直到耳根晾干，这样会提高商品价值。

第八章　温室或大棚立体
黑木耳栽培技术

　　温室或大棚立体黑木耳栽培技术,是原有的地摆黑木耳栽培技术的更新,增加了北方地区生产黑木耳的周期,常规的栽培方法是塑料袋露地地摆栽培。此种栽培方法可以合理地利用温室空间,充分利用光热资源和土地,增加温室效益,不仅解决了黑木耳袋料栽培产量低、易污染的弊病,而且具有不受气候条件、场地、资源、资金等限制,省工、省料、产量高、品质优、栽培难度小、周期短、效益高的优点。不受栽培季节制约,可以有效利用空间,提高土地利用率,节地增效,400 米^2 的温室或大棚就可以立体吊摆 40 000 袋,黑木耳的子实体外形好,干净无沙土,绿色无污染;种植黑木耳不受外界天气和温度的影响,管理还非常方便,省工省力,可以增加黑木耳的产量。

一、温室大棚立体栽培黑木耳工艺流程

　　温室和大棚准备(原有的蔬菜温室大棚就可以或新

建温室和大棚)→栽培原料准备(锯末、玉米芯、麦麸、石膏、石灰、豆饼粉、红糖等)→一级菌种购进→二级菌种的制作→吊袋的制作→接种→养菌→挑眼→出耳→采收。

二、温室和大棚准备

温室或大棚立体栽培黑木耳,温室和大棚准备十分关键。用温室生产黑木耳不分春夏秋冬,一年四季都能生产;用大棚生产黑木耳,根据各地的气候情况,在早春和晚秋可延长 50~65 天的生产时间。黑木耳属中温型菌类,对温度适应范围较广。菌丝可在 4℃~30℃生长,但 18℃~23℃为最适宜,所生长的木耳片大、肉厚、质量好;低于 10℃,生长缓慢;高于 30℃,易衰老甚至死亡。在 14℃~28℃的条件下都能形成子实体,但以 18℃~23℃最适宜;低于 14℃子实体不易形成或生长受到抑制;高于 30℃,停止发育或自溶分解死亡。担孢子则在 22℃~30℃均能萌发。培养菌丝需要温度高,子实体生长需要温度低,温室和大棚具有易保湿、增温效果大,还有防风、防雨、防霜、防轻度冰雹和虫害等性能,是生产黑木耳的新技术。原有的蔬菜温室大棚就可以,或新建温室和大棚,现把黑龙江省推荐棚室类型及结构参数、图表,供读者参考。

主要参数:
1. 温室朝向: 正南或偏西3°~5°
2. 内部跨度: 6~7m
3. 脊高: 2.8~3.3m
4. 后墙高度: 2~2.3m
5. 后阴坡投影: 1.3~1.6m
6. 底角: 60°~65°

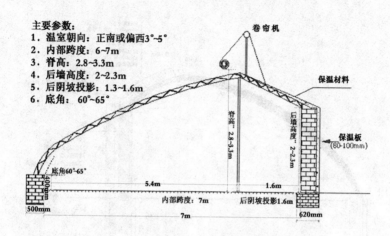

图 8-1　北纬 48°~53°砖混结构高效节能

日光温室主要参数及结构示意图

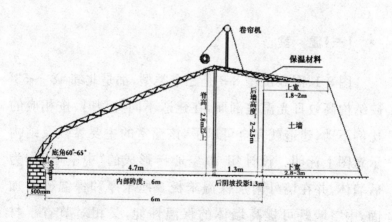

图 8-2　北纬 48°~53°土筑节能日光温室主要参数及结构示意图

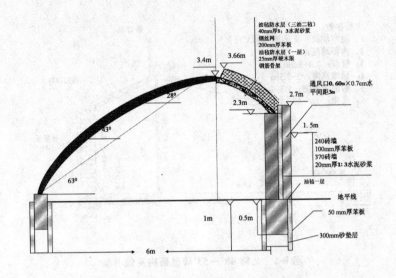

图 8-3　钢筋拱架节能日光温室剖面示意图

(一)温　室

图 8-1、图 8-2、图 8-3 是三个类型,都是北纬 48°～53°砖结构高效日光温室剖面,在建造不同类型时,按相应的比例不动,建造就完全可以了,该温室的主要参数及结构示意图上标明。设计用 40 空心砖形成的"中空墙"作为后墙体,并在墙外附加保温苯板 3 厘米厚和保温砂浆加固,中空墙既可提高墙体的保温性能,又相对节省了材料。

(二)大　棚

图 8-4 该大棚的主要参数及结构示意图上标明,该日光大棚采用跨距为 10 米,大棚的四周地下设置防寒沟(深 1.2 米,20 千克重泡苯板 8 厘米厚),这样可隔离地下冻层向棚内土壤的冷传导,所设立防寒沟是提高地温的唯一措施,防寒沟的设置可使地温提高约 5℃以上。采用主框架和双卡槽的有效结合,主框架的设施既达到了大跨距的承重目的,又保证了大棚的整体稳定性;双卡槽为外层设置中空膜,内层设置单层膜,大大增加了温室的保

主要参数:
1.方向:南北朝向,东西走向;
2.跨度:10~12m;
3.脊高:3~3.5m;
4.横拉杆:5排以上;
5.棚架间距:不超过1.2米;
6.长度:50~70m;

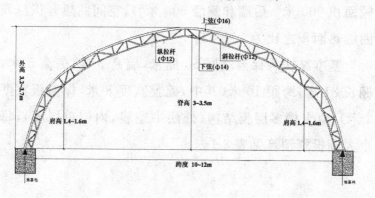

图 8-4　北纬 48°~53°(全省各地)黑龙江省大棚

主要参数及结构示意图

温性能,从而除去了保温被的设置,可提高光照时间12.5%,增加光照面积12.3%,减小了劳动强度和保温被的机械装置,避免了保温被对棚膜的污损等。该大跨距温室内配置沼气设备,利用沼渣(沼液)具备了增温和增加空气湿度作用,使黑木耳具备了更好的生长条件。

1. 大跨距大棚(10米×81米)800米² 投资预算分析
现大跨距大棚以800米² 计(跨距10米,长81米),实际占地900米²;间隔以8米计(占地667米²);道路和工作间占地(10米×20米)200米²;总占地1768米²,分别占地比例为:51%,37.7%,11.3%。

现大棚(总宽10米,总长81米,平均高度3米)。大棚空间容积为2400米³,表面积约为1400米²(其中塑料棚面积900米²,后墙和侧墙500米²),空间储热容积与表面散热面积之比为1.7:1。

基本结构为保温墙厚50厘米,墙高3米,矢高5米,棚长81米,跨距10米(其中,棚膜宽度8米,保温板宽度2米),双卡槽多层膜结构(外层中空膜,内层单层膜),每个大棚投资预算见表8-1。

第八章 温室或大棚立体黑木耳栽培技术

表8-1 800米² 温室大棚结构预算表

名　称	规　格	数　量	原料价 （万元）	工程价 （万元）
防寒沟（182m）	0.5m×1.2m	110m³,30 元/m³	0.33	0.60
20 千克苯板	厚 8cm	17m³,260 元/m³	0.44	0.80
40 空心墙	300m²	大砖 5000 块	2.00	3.00
外墙保温（板）	300m²,3cm	10 元/m²	0.30	0.60
保温顶	250m²	60 元/m²	1.50	2.00
地锚（混凝土）	300×300×400	100 块,4m³	0.30	0.40
硬框架（角钢）	∠50×4,3.1kg	600m,1.8t	1.00	2.00
硬框架支杆	∠40×4,2.5kg	55m,0.2t	0.10	0.20
横框梁（角钢）	∠70×5,5.9kg	90m,0.5t	0.30	0.60
支杆（角钢）	∠40×4,2.5kg	30m,0.01t	0.05	0.10
拉筋（钢筋）	Φ14,1.2kg	100m,0.01t	0.05	0.10
卡槽插口（槽钢）	5♯槽钢,3.8kg	40m,0.15t	0.10	0.20
∠50×4,3.1kg	40m,0.1t	0.10	0.20	
上、下卡槽	3♯（定制）	2300m,6.5 元/m	1.50	2.00
卡簧	3♯	2000m,1.2 元/m	0.20	0.30
卡槽钢丝（镀锌）	Φ4,0.1kg	800m,0.1t	0.10	0.20
下拉弦钢丝	Φ4,0.1kg	1200m,0.12t	0.20	0.30
支杆（焊管）	6 分管,1.23kg	230m,0.3t	0.20	0.30
双层中空塑料膜	厚 2 毫米	900m²,12 元/m²	1.10	1.60
塑料膜（1 层）	厚 10 丝米	900m²,2 元/m²	0.20	0.30

续表 8-1

名　称	规　格	数　量	原料价 （万元）	工程价 （万元）
遮阳网（编织）	尼龙	900m², 2元/m²	0.20	0.30
拉杆、螺栓等	—	—	0.30	0.30
植物生长灯	40W	40个/667米², 20个	0.30	0.40
电线	300米	—	0.20	0.30
空调系统	—	1套	0.10	0.20
滴灌系统	800米²	1000元/667米²	0.20	0.20
运输通道（砖）	0.5m, 1500块	80m², 30元/m²	0.10	0.20
不可预见费	5%	—	0.60	0.60
合　计	—	—	12.20	18.30

注：钢材全部为热镀锌，每吨价格约5 500元

——每个大跨距800米²（10米×81米，实际占地900米²）投资：以成本价计为12万元，加建筑人工费计6万元，共计18万元，平均每667米²投资13.3万元。

2. 大跨距大棚（12米×81米）974米²投资预算分析

每个大棚以974米²计（跨距12米，长81米），实际占地1 067米²；间隔以8米计（占地667米²）；道路和工作间占地（10米×21米）200米²；总占地1 934米²，分别占地比例为：55％，34.5％，10.5％。

现大棚（总宽12米，总长81米，平均高度3.5米）。大棚空间容积为3 400米³，表面积约为1 600米²（其中，塑料棚面积1 000米²，后墙和侧墙600米²），空间储热容

积与表面散热面积之比为 2.1：1。

基本结构为保温墙厚 50 厘米，墙高 3.5 米，矢高 5.5 米，棚长 81 米，跨距 12 米（其中，棚膜宽度 9.5 米，保温板宽度 2.5 米），双卡槽多层膜结构（外层中空膜，内层单层膜），每个大棚投资预算见表 8-2。

表 8-2　974 米² 温室大棚结构预算表

名　称	规　格	数　量	原料价（万元）	工程价（万元）
防寒沟(186m)	0.5m×1.2m	112m³,30 元/m³	0.40	0.60
20 千克苯板	厚 8cm	18m³,260 元/m³	0.50	0.70
40 空心墙	370m²,4 元/块	大砖 6200 块	2.50	3.50
外墙保温(板)	370m²,3 厘米	10 元/m²	0.40	0.70
保温顶	290m²	60 元/m²	1.80	2.40
地锚(混凝土)	300×300×400	100 块,4m³	0.30	0.40
硬框架(角钢)	∠50×4,3.1kg	720m,2.4t	1.30	2.60
硬框架支杆	∠40×4,2.5kg	60m,0.2t	0.10	0.20
横框梁(角钢)	∠70×5,5.9kg	90m,0.5t	0.30	0.60
支杆(角钢)	∠40×4,2.5kg	30m,0.01t	0.05	0.10
拉筋(钢筋)	Φ14,1.2kg	100m,0.01t	0.05	0.10
卡槽插口(槽钢)	5#槽钢,3.8kg	40m,0.15t	0.10	0.20

续表 8-2

名　称	规　格	数　量	原料价 （万元）	工程价 （万元）
卡槽插口角钢	∠50×4，3.1kg	40m，0.1t	0.10	0.20
上、下卡槽	3#（定制）	2900m，6.5元/m	1.90	2.60
卡簧	3#	2500m，1.2元/m	0.30	0.40
卡槽钢丝（镀锌）	Φ4，0.1kg	900m，0.1t	0.10	0.20
下拉弦钢丝	Φ4，0.1kg	1200m，0.12t	0.20	0.30
支杆（焊管）	6分管，1.23kg	230m，0.3t	0.20	0.30
双层中空塑料膜	厚2毫米	1000m²，12元/m²	1.20	1.70
塑料膜（1层）	厚10丝米	1000m²，2元/m²	0.20	0.30
遮阳网（编织）	尼龙	1000m²，2元/m²	0.20	0.30
拉杆、螺栓等	—	—	0.30	0.30
植物生长灯	40W	40个/667米²，30个	0.40	0.50
电线	300米	—	0.30	0.40
空调系统	—	1套	0.10	0.20
滴灌系统	800米²,	1000元/667米²	0.20	0.20
运输通道（砖）	0.5m，1500块	80m²，30元/m²	0.10	0.20
不可预见费	5%		0.70	1.00
合　计	—	—	14.30	21.00

注：钢材全部为热镀锌，每吨价格约 5 500 元

——每个大跨距 974 米²（12 米×81 米，实际占地 1 067 米²）投资：以成本价计为 14 万元，加建筑人工费计 7 万元，共计 21 万元，平均每 667 米² 投资 13.1 万元

3. 大跨距大棚(14 米×81 米)1 134 米² 投资预算分析

每个大棚以 1 134 米² 计(跨距 14 米,长 81 米),实际占地 1 234 米²;间隔以 9 米计(占地 734 米²);道路和工作间占地(10 米×24 米)240 米²;总占地 2 201 米²,分别占地比例为:56％,33％,11％。

现大棚(总宽 14 米,总长 81 米,平均高度 4 米)。大棚空间容积为 4 500 米³,表面积约为 1 870 米²(其中,塑料棚面积 1 100 米²,后墙和侧墙 770 米²),空间储热容积与表面散热面积之比为 2.4∶1。

基本结构为保温墙厚 50 厘米,墙高 4 米,矢高 6 米,棚长 81 米,跨距 14 米(其中,棚膜宽度 11 米,保温板宽度 3 米),双卡槽多层膜结构(外层中空膜,内层单层膜),每个大棚投资预算见表 8-3。

表 8-3　1 134 米² 温室大棚结构预算表

名　称	规　格	数　量	原料价 (万元)	工程价 (万元)
防寒沟(190m)	0.5m×1.2m	114m³,30 元/m³	0.40	0.60
20 千克苯板	厚 8cm	18m³,260 元/m³	0.50	0.70
40 空心墙	440m²,4 元/块	大砖 7500 块	3.00	4.00
外墙保温(板)	440m²,3 厘米	10 元/m²	0.50	0.80
保温顶	312m²	60 元/m²	1.90	2.50

蓝莓与黑木耳立体栽培技术

名 称	规 格	数 量	原料价（万元）	工程价（万元）
地锚（混凝土）	300×300×400	100 块,4m³	0.30	0.40
硬框架（角钢）	∠50×4,3.1kg	850m,2.6t	1.50	3.00
硬框架支杆	∠40×4,2.5kg	60m,0.2t	0.10	0.20
横框梁（角钢）	∠70×5,5.9kg	90m,0.5t	0.30	0.60
支杆（角钢）	∠40×4,2.5kg	30m,0.01t	0.05	0.10
拉筋（钢筋）	Φ14,1.2kg	100m,0.01t	0.05	0.10
卡槽插口（槽钢）	5#槽钢,3.8kg	40m,0.15t	0.10	0.20
卡槽插口角钢	∠50×4,3.1kg	40m,0.1t	0.10	0.20
上下卡槽	3#（定制）	3000m,6.5 元/m	2.00	3.00
卡簧	3#	2800m,1.2 元/m	0.40	0.50
卡槽钢丝（镀锌）	Φ4,0.1kg	900m,0.1t,	0.10	0.20
下拉弦钢丝	Φ4,0.1kg	1300m,0.13t	0.20	0.30
支杆（焊管）	6 分管,1.23kg	230m,0.3t,	0.20	0.30
双层中空塑料膜	厚 2 毫米	1200m²,12 元/²	1.50	2.00
塑料膜（1 层）	厚 10 丝米	1200m²,2 元/m²	0.20	0.30
遮阳网（编织）	尼龙	1200m²,2 元/m²	0.20	0.30
拉杆、螺栓等	—	—	0.30	0.30
植物生长灯	40W	40 个/667 米²,34 个	0.50	0.60
电线	300 米	—	0.30	0.40
空调系统	—	1 套	0.10	0.20

续表 8-3

名　称	规　格	数　量	原料价 （万元）	工程价 （万元）
滴灌系统	800 米²	1000 元/667 米²	0.20	0.30
运输通道（砖）	0.5m,1500 块	80m²,30 元/m²	0.20	0.20
不可预见费	5%	—	0.80	1.00
合　计	—	—	16.20	23.00

注：钢材全部为热镀锌,每吨价格约 5 500 元

——每个大跨距 1 134 米²(14 米×81 米,实际占地 1 234 米²)投资:以成本价计为 16 万元,加建筑人工费计 7 万元,共计 23 万元,平均每 667 米² 投资 12.4 万元。

三、栽培原料准备

原料的选择以阔叶硬杂木锯末最好,杨椴木锯末需加入硬杂木锯末或玉米芯以补营养不足。也可以用林区大量不成材料的枝丫、树头和旧木耳段,上粉碎机粉碎,但不应粉碎得过细,锯末过细,料中缺氧,菌丝长得慢。陈旧的锯末和新鲜锯末都可以生产黑木耳,确切地说,只要锯末不发霉就可以,用陈锯末要比新锯末菌丝长得快得多,因为黑木耳是木腐生真菌。

玉米芯即整棒玉米去掉玉米粒后的芯,它含有丰富的纤维素、蛋白质、脂肪及矿物质等营养成分,使用玉米芯前要晒干,粉碎成小粒。各种秸秆的粉碎,都不应过细,过细

料实无缝隙不透气,不利于菌丝生长。

麦麸以新鲜的为好,千万不要用放置过夏、发霉变质的麦麸。没有麦麸的地区可用稻糠代替。

黄豆粉或豆饼粉一定要粉细,因它的比例小,颗粒状分布不均匀,只有粉得像细面一样,拌料时才能均匀。

石膏粉可直接到药店、粉笔厂、陶瓷厂购买。石灰粉(不应用白云石灰)是建筑刷干墙用的生石灰粉,它含有大量的钙离子,在栽培时它能起到增加碱值、抑制霉菌、增加子实体干重的作用。

四、菌种制作

购买的一级菌种需是适宜吊袋黑木耳栽培、高产、抗低温、抗杂菌、pH 偏碱性的优良菌株。

二级菌种的配方 1:锯末 82%,麦麸 14%,黄豆粉 2%,石膏 1%,红糖 1%。制作方法见第六章。

二级菌种的配方 2:小麦 94%,锯末 5%,石膏 1%。制作方法:先将小麦用 1% 石灰澄清水浸泡 24 小时,再用水煮熟而不烂,用手指捏扁为准,捞出加入锯末拌匀,后再将石膏加进去拌匀,拌匀后直接装瓶或袋灭菌,灭菌和养菌的方法见第六章。

五、吊袋黑木耳的制作

(一)吊袋黑木耳的配方

①硬杂木(阔叶)锯末 85%,麦麸 12%,豆饼粉 1.5%,生石灰 0.5%,石膏粉 1%。

②软杂木锯末(杨、柳、椴树)41.5%,玉米芯 15%,松木锯末 20%,麦麸 20%,黄豆粉 2%,生石灰 0.5%,石膏粉 1%。

③玉米芯 20%,锯末 60%,麦麸 18.5%,生石灰 0.5%,石膏粉 1%。目前是鸡西地区栽培食用菌的最好原料之一。

④锯末 58.5%,玉米芯 20%,麦麸 18%,豆饼粉 2%,生石灰 0.5%,石膏粉 1%。

⑤豆秸 50%,锯末 39%,麦麸 10%,生石灰 0.5%,石膏粉 0.5%。

⑥稻壳 20%,玉米芯 10%,锯末 51.5%,麦麸 15%,豆饼粉 2%,生石灰 0.5%,石膏粉 1%。

⑦新鲜甜菜渣 34%,锯末 54%,麦麸 10%,石膏 1%,生石灰 1%。

⑧玉米芯 30%,锯末 50%,麦麸 17%,豆饼粉 2%,生

石灰 1%。

(二)拌 料

拌料的方法有 2 种。一是采用机械,用拌料机拌料,迅速、均匀、准确;二是手工拌料。具体拌料方法见第七章"栽培袋制作"中的"拌料方式与方法"。

(三)装 袋

当天拌完的料应当天装袋,首先检查塑料袋的质量,装袋成功率、养菌期杂菌率、出耳时袋能否和料紧贴都与塑料袋的质量有关。吊袋栽培黑木耳用的塑料袋需要高温灭菌,要选用高温不变形、不收缩的聚丙烯或聚乙烯黑色塑料袋。装袋目前分机械和手工 2 种装袋法。机械装袋用装袋机,装袋机便于工厂化生产,每小时可装 900 袋左右,装袋前要检查机械各部位是否正常,零部件是否松动。手工装袋要备好装袋用的小工具,扎眼用的木棍、颈圈,也可自制,用塑料打包带,用剪刀剪成 8 厘米长左右,用烧红的 8 号铁线或钢锯条烙制,口径和酒瓶口大小相似。

要在光滑干净的水泥地面上或垫有橡胶制品、塑料布等物上进行装袋,贮放工具应直接放入灭菌锅的灭菌筐,用细钢筋或木板条制作,规格应是长 45 厘米、宽 35 厘米、高 30 厘米(内径),每筐(或箱)放 12 袋。

装袋时先在袋内装上 1/5 的料,然后用手将已装进料的两个边角窝进去,使两角不外露,底部呈圆柱体,这一点很重要,边角不窝进去,一是袋不呈圆柱形,放时站立不稳。二是不窝进去的边角料根本装不实,经常搬动时易碰动两角,这样两角容易透气,菌丝在两角定植晚,菌丝没占领吃料的地方易被杂菌所侵染,最后造成整个袋的感染。折角的袋则直接装袋,无角可窝,装起来就方便多了。每袋料装至 18~20 厘米处即可,每袋大约 1.5 千克重,袋面光滑无褶,料面平整,料不要装得过少或过多。料过少数量、质量不到位,降低了产量。料过多,料面和棉塞之间空间小或紧挨着,袋内氧气少,不利菌丝生长,若棉塞触到料上,接种后菌块上的水分被棉塞吸干,菌种块就会缺水、缺氧,所以很难萌发。

(四)灭　菌

在生产吊袋黑木耳菌袋时,菌袋的高度要比地摆黑木耳菌袋的高度高出 3 厘米,每袋的重量增加 0.4 千克。灭菌时,在正常灭菌的基础上增加 40 分钟。具体方法见第七章"栽培袋制作"中的"灭菌方式与方法"。

六、接　种

灭菌后出锅的菌袋温度降至 25℃～30℃时便可接种，目前接种方法很多，可根据自己的具体情况和条件而定。接种是食用菌生产的一个关键环节，要树立无菌观念，使接种设备和环境有机结合，再好的设备在有菌的环境下接种也会长杂菌，除了接种设备好，接种的环境一定要消好毒，要严密，在这样的环境下拔下棉塞接种才不会长杂菌。具体操作见第七章"栽培袋制作"中的"接种方法"。

七、养　菌

养菌是立体栽培黑木耳的基础工作，立体栽培黑木耳生长主要有 3 个阶段：一是菌丝生长阶段；二是菌丝的适应阶段；三是子实体生长阶段。养菌阶段就是菌丝生长阶段，只有菌丝生长得好，才能为立体栽培黑木耳的下一阶段，即菌丝的适应阶段，提供良好的基础，同时做好通风换气工作，促使菌丝快速从生理性生长转入生殖生长，从而为子实体的生长打下基础。养菌分室内和室外养菌。黑木耳是中温型真菌，养菌的目的是为了出耳，室内挂干湿温度表，用以测定室内的温度和空气相对湿度。培养的前

7～10 天室内如不超温可不用通风,温度在 25℃～28℃,空气相对湿度在 45%～60%,不足往地面洒洁净的清水。菌丝吃料 1/3 后,应及时通风,并使温度不超过 25℃。因袋内菌丝的生长,袋内和室内二氧化碳气体的增加,又因培养基内含有一定量的麦麸或白灰,往往袋内温度比室内温度要高 1℃～2℃,千万别超过 28℃,超过 28℃菌丝就会收缩发软吐黄水,只要温湿度适宜,空气新鲜,一般说来 40 天左右,大部分菌丝都可长满全袋。

八、吊架的搭建

无论选用哪个型号的温室和大棚,都得搭建吊袋架,用 3 根 14 号铁线构成一个吊袋架,一个吊袋架摆几袋就用几个立体托扣,每 35 厘米,吊架一行,每架距离为 25 厘米,前沿头架袋吊放 2 层(上下落 2 袋),往后排列每架加一层(加一袋),每 5 行留 30 厘米的作业道,同时也是通风道。如 8 米宽、50 米长的温室可吊 40 000 袋。

九、扎眼育耳

在气温回升至 10℃以上、温度降至 20℃以下时,将养好菌的菌袋按每袋扎 60 个眼,眼不能扎大,以直径 0.5 厘米、深度 0.5～1 厘米为宜,扎好眼的菌袋要及时将其放在吊架上。所吊袋必须在当日内完成,同时加大空气相对湿度达 80%～95%,一周扎眼处耳基即将形成时进行间歇喷水,使空气相对湿度始终保持在 80%～95%,直到小耳形成降低空气湿度,进入子实体管理阶段。

十、子实体生长期管理

当小耳长到纽扣大小时,将空气相对湿度降至 75%～85%,人为增湿使耳基刺边缘始终呈湿润状态,直到看见密密麻麻的耳基时,再拉大湿差,使空气相对湿度保持在 75%～95%,可采用早晚喷水、中午断水,使耳片展开,夜晚呈生长状态,干干湿湿,子实体生长期如出现子实体长得慢,可停水 2～5 天,帘子早晨迟盖会儿,让袋、床面、子实体风干一些,使菌袋有几天的干燥时间,让菌丝有个休养生息的时间。为了供应子实体生长所需营养,菌丝必须向袋内深处生长,吸收和积累养分。经过几天的休养生息,积聚营养,再恢复大湿度,浇水催耳,使耳片充分展开。子实体生长期间时间在 7～10 天,黑木耳生长所谓的浇水时间也主要就是这 7～10 天。

现在的大湿度、大通风是黑木耳迅速生长的关键,我们现在这种办法,不同于传统的菌种、传统的培养基。菌种本身是抗杂品种,培养基碱性大,没有霉菌易于吸收的单糖类(因没加白糖),帘子已用药水浸泡,菌袋上的棉塞和颈圈又都去掉了,没有适合霉菌生长的营养,又加上外界空气新鲜,所以创造了一个只长木耳、不长杂菌的环境和条件。

十一、停水采耳

黑木耳成熟的标准是耳片充分展开,开始收边、耳基变细、颜色由黑变褐时,即可采摘。要求勤采、细采、采大留小,不使流耳。成熟的耳子留在菌袋上不采,易遭病虫害或流耳。采收时,用小刀靠袋壁削平。采收下的木耳要及时晒干或烘干。烘烤温度不超过 50℃,温度太高,木耳会粘合成块,影响质量。采耳时停水,将温室棉被卷起,让阳光直接照射在菌袋和子实体上,待子实体收缩发干时采摘,采摘时一手握住塑料袋,一手捏住子实体根部,把子实体连根拔出来。待子实体朵片充分展开,边缘起褶变薄,耳根收缩,在弹射孢子前采收。采收后用剪刀剪去带培养基的根部,用水洗净附在子实体上的沙土,摊在晾晒席上晒干。

木耳干后,及时包装贮藏,防止霉变或虫蛀。采收后的菌袋,停止直接喷水 4～5 天,让菌丝积累营养,经过10天左右,第二茬耳芽形成,重复上述管理,还可采收2茬。

参考文献

［1］ 李亚东．蓝莓优质丰产栽培技术［M］．三峡出版社，2007．

［2］ 中国科学院微生物研究所．毒蘑菇［M］．科学出版社，1975．

［3］ 邓叔群．中国的真菌［M］．科学出版社，1963．

［4］ 杨庆尧．食用菌生物学基础［M］．上海科学技术出版社，1981．

［5］ 刘波．中国药用真菌［M］．山西人民出版社，1974．

［6］ 姜坤．北方五大食用菌最新栽培技术［M］．金盾出版社，2012．

［7］ 李宪利．设施果树栽培技术［M］．中国农业出版社，2009．

［8］ 李亚东．中国蓝莓栽培生产现状及发展趋势［J］．中国果树杂志，2008．

［9］ 姜坤．黑木耳最新栽培技术［M］．金盾出版社，2012．

［10］ 邓淑群．中国的真菌［M］．科学出版社，1963．

［11］ 刘庆忠，赵红军．高灌蓝莓的组织培养及快速繁殖，2002．

［12］ 马艳萍．蓝莓的生物学特性、栽培技术与营养保健功能［J］．中国水土保持，2006．

［13］ 王侠礼．美国高罐蓝莓的引进及微体快繁技术研究［J］．中国种业，2003．

［14］ 张东方．植物组织培养技术［M］．东北林业大学出版社，2004．

［15］ 潘瑞织．植物组织培养［M］．广东高等教育出版社，2001．

［16］ 张红晓．木本植物组织培养技术研究进展［J］．河南科技大学学报，2003．

［17］ 徐宝安．蓝莓及其市场开发前景［J］．特种经济动植物（果树园），2005．